智能视觉物联网环境下的雾霾图像复原技术与应用

曲 晨 ◎ 著

中国财经出版传媒集团
中国财政经济出版社

图书在版编目（CIP）数据

智能视觉物联网环境下的雾霾图像复原技术与应用 / 曲晨著. --北京：中国财政经济出版社，2020.9

ISBN 978-7-5223-0010-8

Ⅰ.①智… Ⅱ.①曲… Ⅲ.①图像恢复-研究 Ⅳ.①TN911.73

中国版本图书馆 CIP 数据核字（2020）第 168861 号

责任编辑：蔡　宾　　　　责任校对：胡永立

封面设计：陈宇琰

中国财政经济出版社 出版

URL：http：//www.cfeph.cn

E-mail：cfeph@cfeph.cn

（版权所有　翻印必究）

社址：北京市海淀区阜成路甲 28 号　邮政编码：100142

营销中心电话：010-88191522　编辑中心电话：010-88190666

天猫网店：中国财政经济出版社旗舰店

网址：https：//zgczjjcbs.tmall.com

北京财经印刷厂印刷　各地新华书店经销

成品尺寸：170mm×240mm　16 开　10.5 印张　134 000 字

2020 年 9 月第 1 版　2020 年 9 月北京第 1 次印刷

定价：55.00 元

ISBN 978-7-5223-0010-8

（图书出现印装问题，本社负责调换，电话：010-88190548）

本社质量投诉电话：010-88190744

打击盗版举报热线：010-88191661　QQ：2242791300

前　言

智能视觉物联网环境下雾霾图像复原技术是物联网和计算机视觉领域的一个重要研究内容和研究热点。雾霾图像复原技术主要是指使用一定的方法去除雾霾图像中的干扰，从而获取高质量的图像，以便得到满意的视觉效果和更多有效的图像信息。在5G已经到来的时代，物联网高速发展，尤其是近些年在智能视觉物联网被提出且初见成效的背景下，雾霾图像复原技术在智能视觉物联网环境下公路交通监视系统、环境监控系统、智慧城市监控系统等诸多领域都有很高的应用价值。

本书主要研究智能视觉物联网环境下雾霾图像复原技术及其相关应用，主要包括以下几个方面：

首先，介绍智能视觉物联网环境下雾霾图像清晰化问题的研究背景、意义和国内外研究现状，分析雾霾图像清晰化的研究难点与关键问题，本书主要的研究内容；其次，介绍雾霾图像退化模型与研究工具。从雾霾图像的退化现象和成因出发，简单推证雾霾图像退化模型并总结大气光、背景噪声等对雾霾图像的影响；再次，分析随机游走理论基础，阐述其用于图像增强、复原以及分割的经典随机游走能量框架。本书后续的研究将以这部分内容为理论基础，深入探讨雾霾图像质量提升算法。

针对暗通道先验对天空区域估计失效的问题，提出基于明暗像素先验的随机游走图像去雾算法。该算法首先利用估计天空区域更准确的明暗像素先验获取介质传输图的粗估计；然后在随机游走模型的框架下，将介质传输图的粗估计作为先验约束随机游走能量模型，进一步优化介质传输图得到最终的无雾图像。实验结果表明，该算法在随机游走模型下有效地结合了明暗像素先验对雾霾图像估计的优势，证实了本章算法的可行性与有效性。

在马尔可夫随机场基础上，提出了介质传输图与大气光都满足邻域相似性的先验。首先，构建了马尔可夫随机场的能量框架；其次，根据雾霾图像退化模型估计马尔可夫随机场所需的初始值；最后，通过最小化马尔可夫能量获取最终的去雾图像。实验证明本节算法在避免光晕产生的同时能恢复出更多的细节信息。

针对现有去雾算法不能满足复原大景深处的细节弱边缘信息，提出联合先验满足远景和近景皆不失真的去雾算法。首先，提出满足雾霾图像近景特征的饱和度先验；其次，使用颜色衰减先验获取的介质传输图约束调整由饱和度先验获取的介质传输图的大景深区域；最后，利用随机游走模型优化求解联合先验得到介质传输图并获得最终去雾图像实验结果验证了该算法可用于恢复大景深雾霾图像，同时能恢复出更多有效的细节信息。

针对雾霾图像含噪的问题，提出了先去噪后去雾的思路。一是利用奇异值噪声估计和随机游走滤波进行去噪处理；二是利用基于暗通道先验去雾算法恢复最终图像。实验结果可知，该算法取得一定的去噪效果，但出现细节丢失问题。经实验得出，分步去雾去噪的思路都不能很好地满足含噪雾霾图像清晰化需求的问题，提出了一种在懒惰随机游走模型下单幅雾霾含噪图像清晰化算法。首先，分析雾霾图像退化模型的物理意义，并加以改进使之更符合实际雾霾含噪图像的特殊性；其次，利用懒惰随机游走模型估计改进雾霾退化模型的直接衰减项；再次，利用几何约束和 Color－Line 先验获取精准的大气光；最后，恢复出噪声水平低的无雾图像。实验结果表明，该算法在获得最佳去雾效果和抑制噪声水平的同时具有较强的鲁棒性。

结合本书智能视觉物联网环境下的雾霾图像清晰化算法，首先，将这些算法构建成智能视觉物联网环境下的雾霾图像清晰化体系，其次，将这些算法针对不同实际要求，如交通监视系统采集到的图像更注重远景的复原等要求，对应用场景采集到的雾霾图像进行复原，实验结果表明智能视觉物联网环境下的雾霾图像清晰化体系在实践中有效。

本书中使用的部分雾霾图片在网络上搜索得到的，因时间较远未能找到网址，特此声明！

本书内容受到西安财经大学学术著作出版资助、国家自然科学科学基金（61372167）支持，在此表示衷心的感谢！

限于作者水平，本书中难免有疏漏和不妥之处，欢迎专家、学者和广大读者批评指止。

作者

2019 年 6 月于西安财经大学

目　　录

第 1 章　智能视觉物联网环境下雾霾图像复原技术概述

随着 5G 时代的到来，物联网、智能视觉物联网将会进入一个高速发展的阶段（Ala I Alfuqaha 等，2015）。“十三五”时期是我国物联网加速进入“跨界融合、集成创新和规模化发展”的新阶段，与我国新型工业化、城镇化、信息化、农业现代化建设深度交汇，面临广阔的发展前景。在智能视觉物联网中获取的信息中最为重要的就是图像信息（Qingwu Li 等，2015）。目前智能视觉物联网在智能交通、环境监控、智慧城市等领域应用最为广泛，而这些领域的智能视觉物联网往往是由户外监控设备进行图像采集的。其中户外监控设备采集到的雾霾图像清晰化处理在智能视觉物联网环境下的图像预处理技术中占有举足轻重的地位。本书研究智能视觉物联网环境下的雾霾图像清晰化问题。

§1.1　研究背景和意义

§1.1.1　研究背景

物联网是战略新兴行业，对我国的经济发展起到了十分重要的促进作用，物联网技术包括三个组成部分，即传感、射频、智能信息处理。当今，物联网技术逐渐改变着人们的工作和生活方式，相关数据显示，到2020年，物联网产业的市场规模将超过3000亿美元。如此广阔的物联网市场离不开人工智能技术的支撑，而机器视觉则在人工智能技术中扮演了十分重要的角色。

作为物联网技术的升级，智能视觉物联网技术更是在与人们未来息息相关的交通监视、环境监测、城市管理等领域有着十分重要的影响，智能视觉物联网的关键技术之一即智能监控系统，通过智能监控系统，对采集到的内容进行监测。近年来，雾霾天气在我国大片区域蔓延且持续时间越来越久，在此过程中会影响到智能视觉物联网的智能监控系统正常发挥作用。

智能视觉物联网技术的发展，不仅保障了社会安全，保护了国家利益，还大大地提高了政府的办公效率，也方便了人民的日常生活。这项技术将会是未来物联网研究的主要内容。在信息领域，物联网技术与计算机视觉技术是多数研究者重点关注的主要方面，对两者内容进行优化融合，得到的研究成果更是对社会的经济发展和改善民生起着至关重要的作用。机器视觉对于图像信息的采集和分析有着十分重要的影响，机器视觉感知行为的应用亦非常广泛，智能化的机器视觉感知是将人工智能、图像处理、模式识别等一系列先进的技术进行有机融合，进而实现对整个世界的认知。智能视觉物联网首先利用所连接监控设备等视觉传感器进行图像信息的捕捉，其次在结合三网合一的形式进行输送，最后利用终端计算机对捕捉到的数据逐一处理分析，即使用智能视觉传感器、智能视觉信息传输、智能视觉信息处理和物联网应用四个部分进行处理。

智能视觉物联网环境下单幅可见光雾霾图像的清晰化技术可以简称为智能视觉物联网雾霾图像清晰化技术，是跨越多门学科的新兴研究领域，受到越来越多研究学者的关注和探索，更是智能视觉物联网图像处理领域热门的研究课题之一。近些年来，雾霾天气在我国大片区域蔓延并且持续时间越来越久。雾霾的肆虐不仅给居民健康带来严重隐患，同时还会导致交通陷入混乱，更为严重的是还使国家安全受到前所未有的考验。雾霾天气时，大气中存在的雾霾颗粒严重影响了光学设备对目标的捕捉和侦察。由于这种影响对离成像设备越远的物体影响越严重，雾霾天气会使国家花费大量精力投入的城市天网工程、高速路的限速摄像设备以及军事中的制导和侦察等高科技系统失去了原有的使用价值。在雾霾环境下如何提升智能视觉物联网户外监视系统的可视化能力，已成为目前我国国防、交通和安全领域的重中之重。

由于雾霾在大气中形成的原因较为复杂，同时采集雾霾图像时会存在的诸多不确定性因素，以及缺乏相对系统的文献资料等原因，致使图像去雾技术这个科研课题进展较迟缓。现有的许多去雾算法在实际去雾过程中，因算法自身较为复杂，难以适应实际去雾过程的实时性需求，尚有一些去雾算法所依赖的先验假设过于理想化，难以适应实际雾霾天气的复杂情况，使得算法本身适用性不强。

本书依据国家自然科学基金“基于视觉认知的大景深雾霾退化图像技术研究”(61372167)，主要针对物联网环境下的单幅彩色雾霾图像复原技术展开研究，在雾霾图像退化机制和随机游走框架的基础上，建立处理时间短、鲁棒性强和可靠性好的雾霾图像清晰化算法。

§1.1.2　研究意义

近年来，尤其是 5G 技术已经到来的今天，物联网技术在世界各国都有着飞速发展，相比于欧美、日韩等国家，我国的物联网发展起步相对较晚，有许多方面还需要向这些国家学习和借鉴。美国产业基础雄厚，并且成为物联网技术起步最早的国家之一。最初主要研究基于系统的物联网，后来又全面推动“智慧地球”，美国的物联网技术发展势头迅猛，无论是技术水平还是基础设施以及产业发展都走在了世界前列。欧盟同样致力于物联网技术的发展，将物联网发展作为振兴欧洲经济的新思路，并在2009年发布了“物联网行动计划”，同年还推出了“无线射频识别（Radio Frequency Identification，RFID）与物联网模型”。如今，物联网已在欧盟的汽车行业以及智能化建筑等领域得到广泛应用。韩国近年来相继提出“U－Korea”战略和《物联网基础设施构建基本规划》，日本也提出了“U－Japan”的计划构想。韩国和日本均将物联网列为国家重点战略之一。目前，我国高度重视物联网技术的发展，“感知中国”的提出，突破了核心技术，加快了我国物联网技术的发展，这是我国物联网发展过程中非常重要的一步。2016年，工信部制定了“十三五”专题规划，进一步推动了我国物联网技术的发展。在国家一系列重大科技项目和自然科学基金的支持下，物联网在各个领域都取得了空前的发展，正在逐步成为各地战略性新兴产业发展的重要领域。此外，我国还为物联网的发展制定了一系列发展规划和策略，为我国物联网技术提供了一个良好的发展空间。

智能视觉物联网环境下的雾霾图像清晰化技术是凭借某种方法能准确地恢复出清晰而又具备优良视觉效果的图像。20世纪80年代，美国航天实验室收到卫星传回图像的同时，利用Retinex的增强算法改善雾霾图像的退化作用，得到视觉效果优良的增强图像，在图像去雾技术中具有标志性意义。

在理论层面上，图像去雾融合了多个学科领域，主要涉及气象学、物理学、数学等基础学科，在多学科领域的相互影响下协调发展，为图像融合、目标跟踪等图像分析领域打下坚实基础。在实践应用中，智能视觉物联网环境下的雾霾图像清晰化技术同样覆盖到与人类的发展、生产和生活起着密不可分的各行各业中。智能视觉物联网雾霾图像清晰化技术分别在户外监控、远程导航和遥感卫星监测等应用中表现出不凡的效用，在环境能见度较低的前提下保证智能视觉物联网监控体系的正常运转，在协助各种交通工具行驶安全、实时环境检测、智慧城市采摘灌溉等方面起着不可估量的作用。图1－1展示了智能视觉物联网环境下的雾霾图像清晰化技术的四大方面应用，更好地表明了其在现实中的科研需求。在图1-1中，(a) 在交通监视层面，智能视觉物联网雾霾图像复原技术可有效避免低能见度时造成的交通事故，为警察及时疏导交通、实现智慧交通，提供了高效的解决办法；(b) 在环境检测层面，智能视觉物联网雾霾图像复原技术可有效避免低能见度时无法对环境进行实时监测从而更好地保护环境；(c) 在智慧城市中，智能视觉物联网雾霾图像复原技术可在雾霾天气时帮助天网工程正常对城市进行监控、城市突发事件应急处理等室外监控工作；(d) 展示了军用和民用飞机在雾霾图像清晰化技术的有效帮助下，能够顺利起飞和降落以及塔台能及时给出指引信号有效防止飞机在跑道上相遇而产生的事故。

交通监视　环境检测

智慧城市　飞机起降

图1-1　智能视觉物联网雾霾图像复原技术在现实中的应用

资料来源：雾霾图片来自于网络，清晰化图片为去雾效果图

§1.2 雾霾图像清晰化技术研究现状分析

雾霾图像是指在雾霾天气时成像设备采集到的图像。由于大气中悬浮的颗粒会使光路产生吸收与散射等光学影响，成像设备得到色彩黯淡、对比度明显降低和视觉效果差的图像。从处理雾霾图像的数量角度出发，可将去雾技术分为：单幅图像去雾与多幅图像去雾（Sarit Shwartz 等，2006）。第二种去雾算法需要在同一场景内采集到多个图像，真实环境中很难完成（Yoav Y Schechner 等，2003）。因此，相比于多幅图像去雾，单幅图像去雾技术研究成为热点课题（Srinivasa G Narasimhan 等，2000）。从算法角度出发，则可将去雾技术分为：基于非雾霾退化物理模型的雾霾图像增强技术、基于雾霾退化物理模型的图像复原去雾算法以及图像增强与图像复原相结合的综合去雾算法（Raanan Fattal，2008）。下文将逐一介绍这三种去雾算法的研究近况。

§1.2.1 雾霾图像增强技术的研究状况

雾霾图像增强技术从改善雾霾图像的视觉效果入手，未将雾霾图像退化原因纳入研究范围。该类算法主要针对雾霾图像对比度较低的问题，提升局部或全局对比度，进而改善图像质量，具有较广的适用范围。该类算法主要包括直方图均衡、Retinex 算法、同态滤波和小波变换等算法。其中，直方图均衡为最常见的增强算法之一，其优点是容易实现和快速运算，而缺点是处理后图像的细节信息损失严重并且出现模糊不清的情况（Stephen Chingfeng Lin 等，2015）。基于图像颜色恒常性的 Retinex 算法具有提升图像局部对比度的特点（Huibin Chang 等，2015）。同态滤波是将灰度变换与频率滤波相结合的一种增强算法，基于图像反射率模型利用对比度增强和改变亮度范围，达到优化图像质量的目的（Ida Bagus Ketut Surya Arnawa，2015）。而小波变换是处理雾霾图像在变换域内的细节信息和拉伸低频成分，达到图像去雾的效果（Numan Unaldi，2013）。

泰坤基姆（Tae Keun Kim 等，1998）提出自适应空间直方图均衡化算法（spatially adaptive histogram equalization，SAHE），用于提升图像序列的对比度，其算法问题出在运算效果与处理质量的均衡难度，结果会产生块效应以及计算量过大等问题。金俊友（Joungyoun Kim 等，2001）等提出局部叠加的子块直方图均衡化算法（Partially Overlapped Sub - block Histogram equalization，POSHE），其运算复杂度低于局部直方图均衡效果，而对比度的效果却高于全局直方图均衡。

美国埃德温 H 兰德（Edwin H Land，1964）提出基于颜色恒常性的 Retinex 理论。在人眼视觉系统亮度与色彩感知模型基础上，该理论提出了图像里物体颜色是由物体对光线的反射能力确定的并且物体颜色具备一致性的特点。2000 年该理论被美国航天实验室用来处理宇航图像以及航拍图像的清晰化技术；2005 年，日本研究机构使用该算法实时增强航拍图像并且得到了不错的效果。芮义斌等（2016）利用雾霾图像在不同天气时照度的变化，运用色彩恒常性理论，实现图像去雾处理的思路。2010 年，美国 Z 微系统公司利用 Retinex 理论研发针对图像细节实时增强动态图像和动态视频体系。张新龙等（2010）把雾霾图像分成许多块，通过雾霾程度不同的块对 Retinex 算法进行自适应的参数调节，该算法对于大景深雾霾处理结果不能令人满意。2011 年，英惠尹（Inhye Yoon 等，2011）等提出的矫正色彩算法，对雾霾样本及无雾样本的 RGB 颜色空间中的特性进行提取，在亮度同饱和度抵偿时有效避免局部颜色复原不准确问题的出现，此算法未估计场景深度，当雾霾图像存在大景深时去雾效果不佳。安库提（Codruta Orniana Ancuti 等，2011）等在原始显著性的前提下，用亮度和色度信息相结合算法，得到一个新的空间分布策略，进而更好改善局部照明区域和色彩特征。该算法可在提高色彩对比度的同时保留最精细的图像细节信息，然而对于大景深的雾霾图像处理效果欠佳。2013 年，安库提（Codruta Orniana Ancuti 等，2013）通过增强白平衡和对比度，同时输入两幅雾霾图像，并且对颜色、明度与显著性的权重进行估计，用多尺度的方式以及拉普拉斯算子计算。但该算法并未将雾霾图像本身的饱和度计算在内，故得到的去雾图像局部区域易产生过饱和的现象。2014 年，云雀崔（Lark Kwon Choi 等，2014）利用白平衡、直方图均衡算法等图像增强算法，将 1 幅原始图像处理为 3 幅图像，再利用明度、对比度、饱和度、颜色、显著性等条件用拉普拉斯算子进行加权计算得到权重。该算法处理后的图像细节清晰、颜色亮丽，不过由于算法过于复杂导致耗时量较大。曹永妹等（2014）将 Retinex 算法扩展到小波域中，用双边滤波替代传统 Retinex 算法中易产生边缘模糊和光斑伪影的高斯滤波，再利用雾霾与景物细节信息在小波域中能量的不同分布特点，利用 Retinex 算法控制雾霾分量，同时锐化增强细节信息分量，从而降低了雾霾的影响，增强图像的细节信息，但参数调节未与远景信息相融合，故远景处理效果差。

图像增强的去雾算法简洁成熟，但此类算法未将实际雾霾退化的本质原因考虑在内，故使用该类算法时没有深入研究雾霾浓度以及场景深度等信息。增强去雾算法在解决相对分布情况较均匀的薄雾图像时能提升图像对比度，得到较好的去雾图像效果。但当雾霾图像分布存在不均匀的浓雾情况出现时，该类算法处理的图像往往表现出颜色失真和细节结构缺失等问题。

§1.2.2 雾霾图像复原技术的研究状况

近些年，研究者根据雾霾图像的退化机制，提出了许多雾霾图像复原技术。针对包括大气光、介质传输图以及无雾图像三个未知量的雾霾图像退化模型，该类算法提出先验假设估计大气光和介质传输图的未知量，将病态方程转化为适定性方程并求解，最后复原出无雾图像。雾霾图像退化模型也经过三次推演。最早于 1977 年 E J 麦卡特尼（E J Mccartney 等，

1977）创建大气退化物理模型，在此基础上于1998年约翰 P 奥克利（John P Oakley 等，1998）等提出具有三个参数简单的物理模型，最后斯里尼瓦萨 G 纳拉西姆汉（Srinivasa G Narasimhan 等，2002）对大气散射的光效应进行建模，而该模型也是目前雾霾图像复原技术中最常用的模型。众多研究者针对该物理模型的退化机理进行研究，提出基于退化模型的雾霾图像复原技术。这些算法可分为：

1. 已知深度信息的雾霾图像复原技术

从雾霾图像中得到场景的深度信息，然后求解散射模型的参数，最后获得清晰无雾的图像。此类算法在获得场景深度时存在局限性，使最后获得的无雾图像结果不准确。如斯里尼瓦萨 G 纳拉西姆汉（Srinivasa G Narasimhan 等，2002）基于大气光成像机制和入射光衰减机制提出双色大气散射模型，该模型将图像的颜色、深度信息和大气光的交互影响作为函数，兼顾波长对大气散射作用的影响，故可实现3－D彩色场景的复原，但该算法需要一幅无雾霾图像做依据。斯里尼瓦萨 G 纳拉西姆汉（Srinivasa G Narasimhan 等，2002）为不同天气条件下场景点的强度变化提供了简单约束，可以探测场景中的深度连续性，接着提出了一种快速恢复场景对比度的算法。约翰内斯投（Johannes Kopf 等，2008）提出估计场景深度的地理信息来自于 GIS 数据、深度、纹理的三维模型，估计景深。彼得·卡尔（Peter Carr 等，2009）估计每个独立像素且假设相邻像素具有类似深度，提出了景深估计算法。

此类算法可直接估计场景深度，但存在两个缺点：第一是必须依靠多次人工的交互和大量相关设备，算法的可行性受限；第二是当环境改变时会对算法获得场景深度参数估计产生较大影响，在处理颜色丰富的自然图像时很难复原出准确的去雾结果。

2. 提出先验假设的雾霾图像复原技术

近些年，基于先验假设的雾霾图像复原算法进展不错且取得了一些实质性进展。此类算法通过先验假设建立场景深度约束信息，进而利用雾霾图像退化模型求解无雾图像。罗比·T·谭（Robby T Tan 等，2008）假定含雾图像的对比度小于雾霾图像对比度且大气光具有光滑的变化，构建了马尔可夫随机场去雾框架，但出现色彩饱和度偏高的问题且产生块效应。拉南·法塔尔（Raanan Fattal，2008）利用物体反射率和介质传输图之间局部不相关的特性，使用独立成分分析估计场景深度，在马尔可夫随机场模型的基础上得到去雾图像，但处理浓雾图像时不满足局部不相关，得出去雾结果失真。何恺明等（2008）提出暗通道先验（Dark Channel Prior，DCP）得到介质传输图的粗估计，后利用 Soft - matting 算法优化介质传输图。该先验在图像去雾的发展过程中具有实质性的进展，许多研究图像去雾的学者对此先验进行使用和改进。如 Yan Wang 等（2010）利用局部暗通道先验估计大气光；哈曼代普·考尔·拉诺塔（Harmandeep Kaur Ranota 等，2015）将图像转换为 LAB 颜色空间，有效结合暗通道先验得到更为精细的介质传输图的粗估计；同年，陈书贞等（2015）将暗通道先验引入混合暗通道先验，进而对混合暗通道先验进行映射得到介质传输图的粗估计；石进浩（Shijinn Horng，2016）将暗通道先验应用在水下图像进行颜色校正和补偿，改善了水下雾霾图像的对比度和饱和度。潮涌（Chaotsung Chu 等，2010）基于雾霾退化水平与场景深度的关系，并假定退化程度受雾霾干扰的区域程度相同且介质传输图也是相似的，将雾霾图像分割成不同的区域，再通过 Soft - matting 优化每个分割区域得到介质传输图。黄黎红（2011）把图像转换到 HSI 彩色空间，利用四叉树分割法分割色调分量 H 并估计大气光，在校正饱和度分量 S 后得到去雾图像，由于大气光不能被准确地估计导致该算法表现不佳。禹晶等（2011）利用快速双边滤波估计出介质传输图，快速且有效的恢复无雾图像，但对大面积白色物体的恢复效果不理想。西野浩（Ko Nishino 等，2012）将图像场景的反照率和场景深度作为马尔可夫随机场模型中两个统计独立的潜在层，利用自然图像和深度统计数据作为这些潜在层的先验信息，并利用典型的期望最大化算法，以交替最小化来估计场景的反射率和深度，但当景深不连续或变化过快时，易出现块效应。Linchao Bao 等（2012）提出边缘保持的滤波框架估计介质传输图，该算法去雾效果较好，图像的纹理和边缘处细节信息明显。拉南·法塔尔（Raanan Fattal 等，2014）提出基于 Color - Lines 先验，对介质传输图进行粗估计，使图像恢复结果更加精确，但处理局部细节变化较快的图像时该先验失效。朱青松等（2014）利用雾霾图像中亮度和饱和度与雾霾浓度的关系，间接表达场景的深度信息，但该先验对雾霾浓度低且景深变化快的近景估计不准。赖一轩（Yihsuan Lai 等，2015）将局部一致的场景辐射率和上下文感知的介质传输图结合起来，形成一个最小化约束问题并利用二次规划求解。达纳·伯曼（Dana Berman 等，2016）提出了一种雾霾线先验的算法来估计介质传输图，恢复雾霾线与景深线性的关系，得到无雾图像。

3. 结合机器学习的雾霾图像复原技术

这类雾霾图像复原技术借助机器学习的成果、方法和思想，把机器学习的思想融入到雾霾图像复原技术中。Ketan Tang 等（2014）提出基于学习框架的雾霾图像复原技术，使用随机森林回归算法求解复原图像，但该法对去雾体系要求高且需要依靠健全的学习子集，同时在去雾结果的高亮区域处，细节信息丢失严重。2016 年，Bolun Cai 等（2016）提出了介质传输估计可以被改写成一个可训练的端到端系统的特殊设计，在特征提取层和非线性回归层区别于经典的神经网络得到介质传输图，该介质传输图随后被用于通过图像退化模型恢复无雾图像。该类算法较实用且处理效果不错，但是在去雾过程却要依靠学习子集的建立，同时还要求图像去雾算法本身具有较强的完备性。

雾霾图像复原技术是目前的主流算法，以雾霾退化模型为基础，利用先验假设处理雾霾图像，但先验假设自身会存在缺陷，致使去雾结果产生失真现象。

§1.2.3 雾霾图像综合技术的研究状况

雾霾图像综合技术是指将图像复原的先验假设与图像增强中的调节图像亮度和对比度相结合的新方法。雾霾图像综合技术以雾霾的成因为出发点，结合主流去雾增强算法的优点，进行去雾处理。该类算法关注图像复原中先验假设失效后所造成图像对比度下降、颜色失真等问题，再利用图像增强的思想将图像进行调整到适合人眼观察的状态。Renjie He 等（2012）通过白平衡调整并将图像分解为二分量图像，可避免图像整体亮度偏大和色彩偏差的问题，并利用环境照明的图像估计曝光调节。由于暗通道先验只考虑了图像颜色信息，未考虑对比度信息而对比度提高局部对比度的同时造成颜色失真，太浩基尔（Tae Ho Kil 等，2013）提出了结合暗通道先验与局部对比度相平衡的代价函数。庞春颖等（2013）改进了暗通道先验，提升浓雾区域的局部对比度，快速恢复图像得到丰富的边缘信息。杜博克帕克（Dubok Park 等，2013）等通过加权最小二乘法的边缘保持平滑程度来提高介质传输图的优化程度，并采用多尺度增强介质传输图的局部对比度，有效地改善了图像的对比度、颜色和细节信息。Xin Fan 等（2015）将最大能见度作为参数引入到暗通道先验中，并对去雾图像进行色彩矫正以弥补大面积天空和白色区域。

雾霾图像综合技术为图像去雾算法提供了新思路，但在图像复原与增强的结合点方面还需要进一步完善。

综上所述，目前单幅图像去雾方法可归结为：以雾霾图像增强技术为发展基础，以雾霾图像复原技术为实质性进展，以雾霾图像综合技术为研究趋势。查询统计近些年去雾文章使用关键词：雾霾图像清晰化、图像去雾、去雾霾算法、fog removal、defogging、dehazing 和 haze removal 等。由图 1－2 可知，图像去雾研究在 2009 年之前发展较慢，科研成绩较少。2009 年

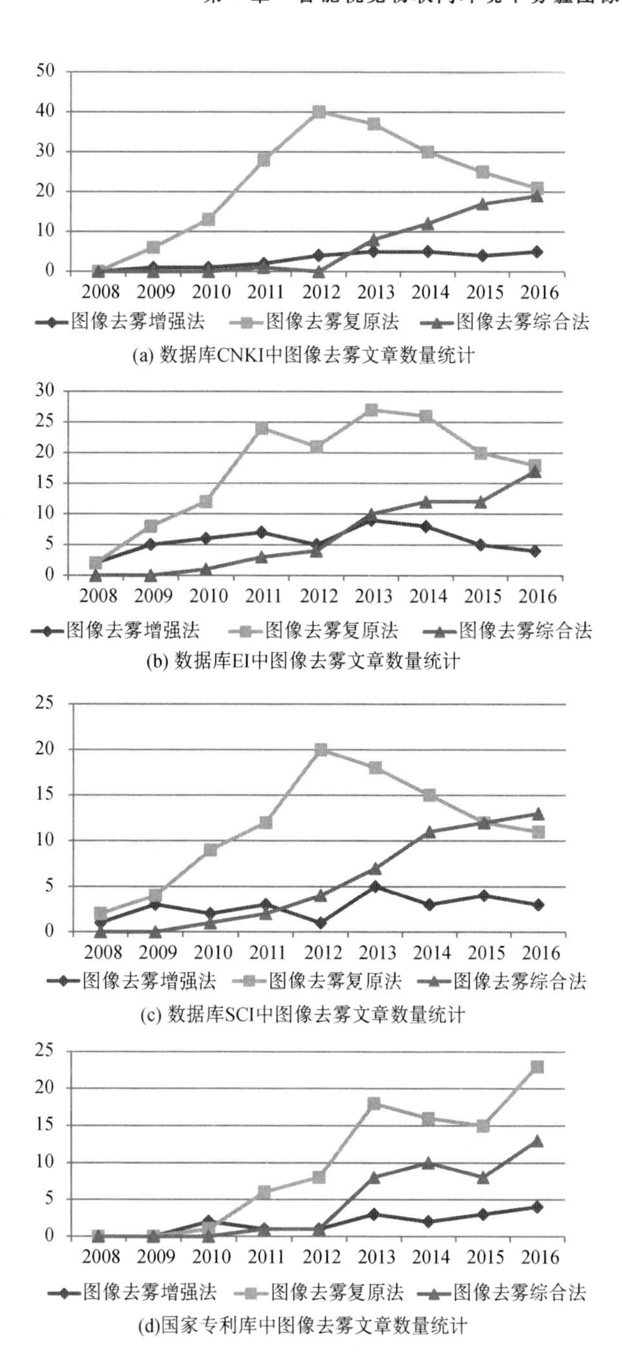

(a) 数据库CNKI中图像去雾文章数量统计

(b) 数据库EI中图像去雾文章数量统计

(c) 数据库SCI中图像去雾文章数量统计

(d)国家专利库中图像去雾文章数量统计

图 1－2　三大数据库及国家专利库去雾论文发表数目的统计（2008—2016）

资料来源：作者利用数据库和国家专利库数据进行统计

何恺明博士提出暗通道先验理论，该先验在图像去雾复原算法可谓有跨时代的意义，此后涌现了许多图像去雾的科研文章。其中基于暗通道先验的图像去雾复原算法占有相当的数量，超过图像去雾文章总数的多半，近几年改进暗通道先验的图像去雾算法的热度逐渐升温。这说明科研人员已经意识到单一的先验假设不能满足雾霾复杂多样的成因，主动探索新的研究方向，相信未来会有更多实时性和鲁棒性好的去雾平台被研发出来。正如我们所知，图像去雾的研究在军用和民用的各个方面都有着重要的影响，2013 年至今同济大学、电子科技大学、天津大学、空军工程大学等国内图像处理领域的顶尖高校均申请了有关图像去雾的基金项目。随着科技的发展，图像去雾在现实中的需求也不断增加，研究者必将在这一领域提出更多相关理论，将图像去雾的发展推向更好的平台。

§1.3 本书主要的研究内容

本书从智能视觉物联网视频监控系统受雾霾天气影响的角度出发，依托“基于视觉认知的大景深雾霾退化图像技术研究”的国家自然科学基金项目的具体要求，以雾霾图像退化模型为基础，深入剖析雾霾图像的特征，利用随机游走模型工具提升雾霾图像的清晰度，最终确保室外图像采集设备能够最大限度发挥自身的作用。本书主要的研究方向是智能视觉物联网环境下雾霾图像复原技术，在随机游走框架下构建的雾霾图像复原技术模型，最终形成智能视觉物联网环境下的雾霾图像复原技术体系。

本书各章节具体研究内容：

第 1 章，智能视觉物联网环境下雾霾图像复原技术概述。简述了智能视觉物联网环境下雾霾图像清晰化技术的现状及其相关领域综述，简要叙述了本书的研究背景与意义，对智能视觉物联网环境下雾霾图像清晰化技术给出了目前国内外的研究现状，以此为背景阐明了本书的研究范围和方向，最后对各个章节的结构进行安排。

第2章，雾霾图像退化模型与研究工具。首先，简要分析雾霾图像退化的现象，推导雾霾图像退化模型，同时剖析了大气光、背景噪声对雾霾图像的影响。其次，介绍去雾图像质量客观评定标准，阐述了基于有效细节强度、色调还原度和可见边缘的评价方法。最后，着重阐述了随机游走理论基础、应用及数学框架。本章内容为后续章节的研究提供了理论支持。

第3章，明暗像素先验的随机游走雾霾图像清晰化。首先，分析暗通道先验理论，深入剖析基于暗通道先验的雾霾图像去雾算法，并总结出此类去雾算法存在的缺陷与产生的原因；其次，针对暗通道先验存在问题，提出了明暗像素先验，并基于该先验获取介质传输图的粗估计；接着，利用随机游走模型优化介质传输图的粗估计，最终得到去雾图像。

第4章，联合先验条件下随机游走雾霾图像清晰化。本章首先在马尔可夫随机场的基础上提出邻域相似性马尔可夫随机场去雾算法，该算法在恢复天空区域以及图像细节方面表现较好，但对于图像本身的弱边缘处以及远景的边缘缺失过多，恢复效果欠佳。在此基础上提出联合先验的随机游走图像去雾算法，该算法结合饱和度先验和颜色衰减先验的优势，提出满足远景和近景皆不失真的去雾算法能恢复出更多细节和颜色信息，可用于恢复大景深雾霾图像。

第5章，懒惰随机游走的雾霾含噪图像清晰化。首先分析了目前对雾霾含噪图像处理的主流算法以及存在的问题，利用随机游走框架和噪声水平估计先抑制雾霾含噪图像的噪声水平；然后利用何恺明去雾算法再进行去雾处理；最后，实验证明先去噪再去雾的思路比单独的去雾处理算法在去噪结果上有很大的提高，但存在处理结果边缘和细节信息模糊的现象。针对这个问题，建立懒惰随机游走框架抑制间接衰减项；同时利用几何约束的最优化模型将Color - Line算法看作附加约束进一步准确估计大气光，实现同步去雾降噪同步处理，提升了含噪雾霾图像复原质量。

第6章，智能视觉物联网环境下雾霾图像复原技术应用。首先结合本书算法构建智能视觉物联网环境下雾霾图像清晰化系统。其中包含4个判断选项，对应 5 类优先级的去雾算法。接下来针对交通监视系统和环境检测系统采集到的不同类型雾霾图像，利用该智能视觉物联网环境下雾霾图像清晰化系统，进行雾霾图像清晰化。实验证明，因采集系统采集到的图像类型不同，故采用不同雾霾图像复原算法，最终得到鲁棒性好，去雾效果佳的图像，这些去雾后的图像能够在交通监视系统和环境检测系统中使用。

第 2 章　雾霾图像退化模型与研究工具

§2.1　引言

在雾霾图像清晰化过程中，以雾霾图像退化机制为切入点，总结雾霾图像退化成因并推导雾霾图像的退化模型，具体分析了影响雾霾图像特征的因素，并介绍了衡量去雾霾图像质量客观评价指标（§2.2）。接下来介绍随机游走模型理论基础以及应用在图像处理中的相关算子，同时总结了经典的图像复原、增强、分割随机游走框架及其具体应用情况（§2.3）。

§2.2　雾霾退化机制及模型分析

§2.2.1　雾霾图像退化机制

“雾”和“霾”是对人们生活影响较大的天气现象。世界气象组织对“雾”和“霾”定义：“雾”是指接近于地表并悬浮在大气中的半径在 4 ~ 30μm 微小液滴构成的气溶胶（郭璠，2012）；“霾”是悬浮在大气中的灰尘、硫酸、硝酸、有机碳氢化合物等微小尘粒其半径在 0.001 ~ 10μm 范围内的颗粒形成的咖色气溶胶。由定义可以得出，雾霾的形成来自于大气中飘浮着的细小颗粒，会让大气变混沌不清并产生退化现象。表 2 - 1 是按照大气视距对大气混浊程度的影响分类，可划分为10个等级，每个等级分别代表相应的天气状态与大气传播中的散射系数（禹晶等，2011）。从表2－1中可得，雾霾的大气视距在10千米以下，而单纯的雾其大气视距则小于2千米（马志强等，2012）。

表2－1　天气状态、大气视距与大气散射系数的关系

等级	天气状态	大气视距	大气散射系数
–	纯净空气	277km	0.0141
10	异常晴朗	>50km	0.078
9	非常晴朗	20~50km	0.196~0.078
8	晴朗	10~20km	0.391~0.196
7	轻度霾	4~10km	0.954~0.391
6	霾	2~4km	1.96~0.954
5	薄雾	1~2km	3.91~1.96
4	轻雾	500~1000m	7.82~3.91
3	中雾	200~500m	19.6~7.82
2	大雾	50~200m	78.2~19.6
1	浓雾	≤50m	>78.2

资料来源：禹晶，徐东彬，廖庆敏．图像去雾技术研究进展［J］．中国图象图形学报，2011，16（9）：1561—1576.

在真实环境中，“雾”与“霾”这两类天气现象往往是相随而生且作用于大气光的传播，故在图像处理中将这两类天气现象统称为“雾霾”。气象学中的光学特性主要由大气中粒子直径较大的气溶胶相互作用决定的，可使光按照一定的规律在大气中重新分布。雾霾气象中此类粒子类别繁多，然而研究者将这些粒子看作是单一的球形来考虑。粒子的相互作用对大气光路的影响以三种形式呈现：散射、吸收和辐射。散射效应能够改变大气中光的传播途径，光路能量发生衰减改变，进而使颜色和对比度发生变化，是可见光波段雾霾图像的主要形成原因。而吸收和辐射效应对大气光的影响相对较小，通常可以不考虑此效应。研究雾霾图像退化的本质即为研究微小粒子对可见光的散射作用。雾霾图像退化的散射可分为两种情况：一是物体表面的反射光同空气中的气溶胶作用产生前向散射作用，光的强度被减弱，从而引起直接的退化效果使采集到的图像对比度下降；二是大气

光由于气溶胶引起的后向散射，进入成像设备中干扰成像过程，致使图像颜色失真。

表 2 - 1 中“大气视距”在气象学的领域内规定为：

$$D_v = \frac{1}{\beta}\ln\frac{C}{\varsigma} = \frac{3.912}{\beta} \tag{2.1}$$

式中 D_v 表示大气视距，C 代表目标和场景的对比度，ς表示对比度门限（H Richard Blackwell，1946）。其中 C 的表达式：

$$C = \frac{L_0 - L_b}{L_b} \tag{2.2}$$

式中 L_0 表示目标光照强度，L_b 表示场景光照强度。

ς的表达式：

$$\varsigma \equiv \left|\frac{(L \pm \Delta L) - L}{L}\right| \equiv \left|\frac{\Delta L}{L}\right| \tag{2.3}$$

对比度门限ς随着场景光照强度的改变而发生变动的曲线如图 2 - 1。

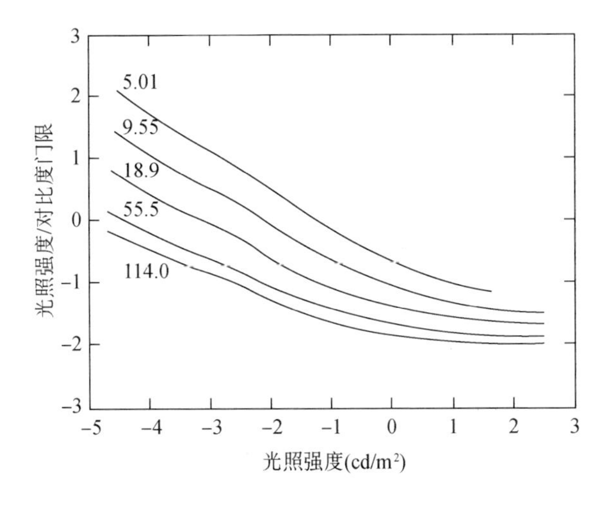

图 2 - 1　对比度门限示意图

资料来源：Blackwell H R. Contrast Thresholds of the Human Eye [J]. Journal of the Optical Society of America，1946，36（11）：624—643.

在真实场景的天气状况里都存在着散射作用，影响散射的因素众多，而微小颗粒在大气层相互作用时其本身的散射强度不会产生作用，不过颗粒自身散射出的光可不断被其余的颗粒所散射，按照散射次数可以分为单次散射和多次散射（D Haskel 等，1995）。多次散射现象相对比较复杂而且当成像距离特别遥远或极端天气时以及超高浓度的气溶胶环境才会产生一些作用，通常情况下分析雾霾天气情况时的大气散射作用则仅仅研究单次散射的情况。单散射按照颗粒直径和入射光的波长将散射分为 Mie 散射、Raman 散射以及 Rayleigh 散射（Shuming Nie 等，1997）。这些散射仅仅改变能量的分布，而并不改变光的频率（Yasuhiro Harada 等，1996）。Mie 散射是粒子直径在相对较大范围内的散射现象，该特点是入射光波长不会影响散射强度。而当浮尘、大雾及浓雾等天气情况时，此时大气的悬浮粒子半径相对大，这里用 Mie 散射理论进行研究，如图像的背景在地球表面，则大气中的颗粒直径较大，此时仅考虑 Mie 散射现象（C C Lam 等，1992）。根据大气光学可知，在大气视距范围较小的情况下可以认为大气中介质特性与颗粒密度具有不变特性，这时研究雾霾图像退化机理时则假定大气介质均为类别一致的颗粒且均匀分布。由上可知，通常分析雾霾图像退化现象机理认为在单散射中颗粒是同一类别且均匀分布的对入射光线产生 Mie 散射作用，这个假设为后文中建立雾霾图像退化模型提供了必备条件。

§2.2.2 雾霾图像退化模型分析

在上一节对雾霾图像退化机理的阐述中可以得出进入成像设备的光线可分为两种，其中一种为物体的入射光线被颗粒散射衰减之后的光，称之为入射光直接衰减；另一种为大气光被颗粒散射衰减到达成像设备中，称之为大气光间接衰减。正因如此，麦卡尼（McCartney）依据 Mie 散射作用的理论将该两种衰减各自创建相应的模型：入射光直接衰减模型以及大气光间接衰减模型。图 2－2 所示为反射光直接衰减以及大气光间接衰减过程的雾霾图像退化模型图。图 2－2 中反射光用有向带箭头的直线表示由景物到成像设备的传播过程中逐步减弱，揭示出颗粒直接衰减的散射作用只削弱了入射光强，而未改变入射光路。相反在间接衰减的散射作用中大气光不但减弱了光强同时也改变了方向。McCartney 将两个建好的数学模型组合在一起，形成雾霾图像退化模型。此模型完备的阐述了雾霾图像退化机制的物理过程，是雾霾图像清晰化理论的根基。下面结合米德尔顿（Middleton）和克什米德（Koschmieder）的相关理论对雾霾退化模型的进程经过进行全面分析（W E K Middleton，1952）。

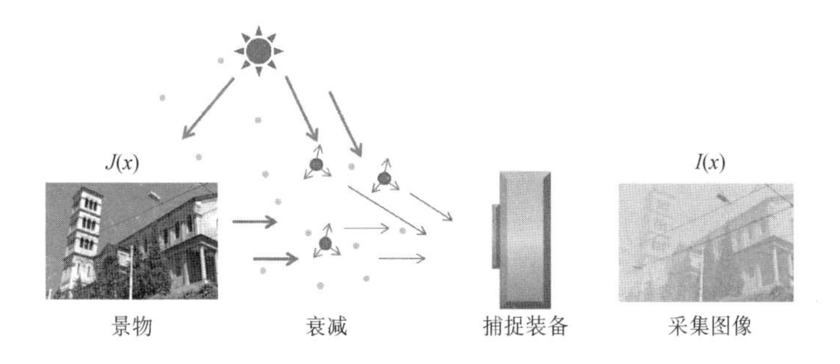

图2-2　雾霾图像退化模型图

资料来源：R. Tan. Visibility in bad weather from a single image［C］. In Proceedings of IEEE Conference on Computer Vision and Pattern Recognition，2008，1—8.

1. 入射光直接衰减模型

如图2-3所示，图中设 x 是场景深度在某一点的变量，且 $d>x>0$；而光束通过由 dx 代表光经过介质单元厚度的薄片。探究该反射光在 x 场景深度的改变量，则可表示为：

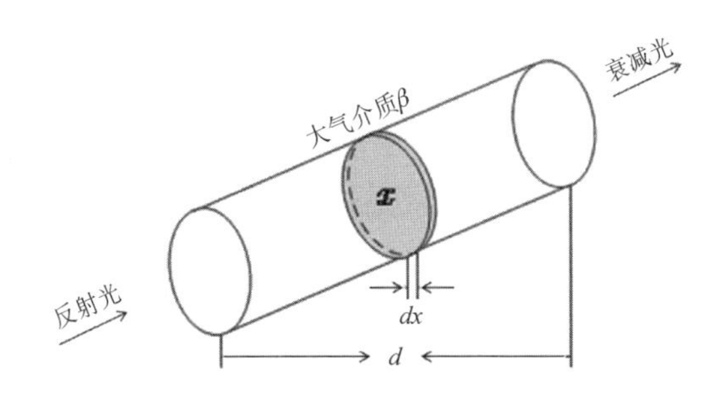

图2-3　入射光直接衰减模型

资料来源：Narasimhan S G. Models and algorithms for vision through the Atmosphere［D］. Columbia：Columbia University，2004.

$$\frac{dE(x)}{E(x)} = -\beta d(x) \tag{2.4}$$

其中，$E(x)$ 表示入射光在场景深度 x 的强度，$dE(x)$ 是通过无穷小微元时的光线强度改变程度。如需进一步研究距成像设备场景深度 d 处的入射光直接衰减的程度，需对式（2.5）两边同时取积分且积分的上下限为 0 和 d 即可：

$$\int_0^d -\beta d(x) = \int_0^d \frac{dE(x)}{E(x)} \tag{2.5}$$

将该式变换后得：

$$E(d) = E(0)e^{-\int_0^d \beta d(x)} \tag{2.6}$$

考虑到在大气视距较小时大气介质的均匀分布特征，表示漂浮颗粒对光线散射程度的系数 β 被称为恒常数，简化式（2.6）为：

$$E(d) = E(0)e^{-\beta d} \tag{2.7}$$

式中，$E(0)$ 为从入射光在 $x=0$ 的强度，$E(d)$ 为与观察者之间距离为 d 的入射光通过直接衰减后的强度值。从式（2.4）中可以得到直接衰减时入射光会由于悬浮在大气中的颗粒发生散射作用从而损耗的光强与 β 和 d 密切关联；当 β 减小时，颗粒的散射作用减弱，而 d 增大时，入射光会产生明显的衰减。当 β 恒定时，光线强度的衰减程度与 d 的改变呈指数形式变动。这也解释了在一幅雾霾图像中，通常大景深的景物边缘结构以及细节信息相比于近处更加模糊难辨。

2. 大气光间接衰减模型

大气光是指去除入射光的反射影响外的直射太阳光、来自地表的反射光以及天空中的散射光（嵇晓强，2012）。大气光通过大气中颗粒散射的影响进入成像设备中，使物体反射光占采集到的光线比例降低，这里可视为间接衰减。该光线路径多数呈现椎体，详见图 2－4。其中 x 是光线距离成像设备某一点的景深变量，变化范围在 $0 \sim d$；dx 是光线经过介质单元的厚度。无穷小微元 $dV(x)$ 在距离成像设备为 x 处的横截面积 $d\omega x^2$ 与 dx 的积，被表示为：

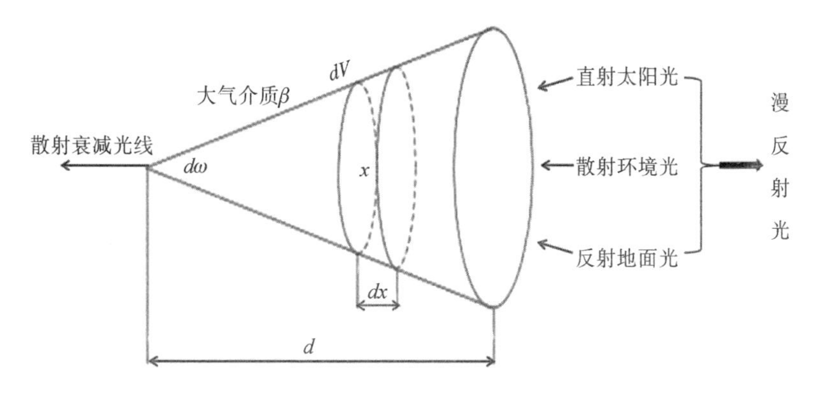

图 2 - 4　大气光间接衰减模型

资料来源：Narasimhan S G. Models and algorithms for vision through the Atmosphere [D]. Columbia: Columbia University, 2004.

$$dV(x) = d\omega x^2 dx \tag{2.8}$$

接下来，可计算出散射光线 $R(x)$ 穿过该微元的量为：

$$dR(x) = g\beta dV(x) \tag{2.9}$$

式中 β 为散射系数，g 取比例常数，与场景内的大气光强度相关；计算散射光微元的衰减程度，将 $dV(x)$ 视作点光源，为了得出该光源经衰减的光强，依据点光源衰减法则，可得下式（刘长盛等，1990）：

$$dE(x) = dR(x)\ x^{-2} e^{-\beta x} \tag{2.10}$$

上式中展示出该点光源的衰减呈指数衰减。进一步可求出点光源 $dV(x)$ 的单位角度光强：

$$dL(x) = dE(x) / d\omega \tag{2.11}$$

结合式（2.8）、式（2.9）以及式（2.10），推导整理式（2.11）得：

$$dL(x) = g\beta e^{-\beta x} dx \tag{2.12}$$

为得出物体到采集图像设备之间的光强值，对式（2.12）从 $x = 0$ 到 $x = d$ 积分可得：

$$L(d) = \int_0^d g\beta e^{-\beta x} dx = g(1 - e^{-\beta d}) \tag{2.13}$$

根据辐射原理，假使在无穷远处为大气光辐照度且 $d = \infty$，则式（2.13）转化为参数 g 值：

$$g = L(\infty) \tag{2.14}$$

基于以上得出距离采集图像设备为 d 时进入成像光路的散射光的光强，即大气光模型：

$$E_i(d) = L(\infty)(1 - e^{-\beta d}) \tag{2.15}$$

上式用数学公式佐证了大气光的散射作用伴随场景深度成正比关系。同时，该式也证明了当场景深度增大时场景处的亮度增加，雾霾覆盖作用更明显。

3. 建立雾霾图像退化模型

雾霾图像退化模型包括入射光直接衰减模型和大气光间接衰减模型。这两个模型引起雾霾天气时采集到的户外图像对比度下降、图像质量变差。McCartney 将这两种衰减模型线性叠加得到：

$$E(d) = E_d(d) + E_i(d) = E_d(0)e^{-\beta d} + L(\infty)(1 - e^{-\beta d}) \tag{2.16}$$

克什米德（Koschmieder）以天空为背景提出了模型：

$$L = L_0 e^{-\beta d} + L_f(1 - e^{-\beta d}) \tag{2.17}$$

式中 L 为观测点处的采集图像区场景的亮度，L_0 为采集图像区场景实际亮度，L_f 为大气光。纳拉辛汉（Narasimhan）等结合真实情况，创建了单色雾霾退化模型：

$$E = I_\infty \rho e^{-\beta d} + L(\infty)(1 - e^{-\beta d}) \tag{2.18}$$

式中，I_∞ 为天空亮度，取恒定值；ρ 为场景辐射度，在 0 ~ 1 取值；利用该模型将雾霾图像的复原问题转换成用方程对场景辐射度与景深这两个未知数的求解。完整场景的模型被转换成：

$$I(x,y) = I_\infty \rho e^{-\beta d(x,y)} + L(\infty)[1 - e^{-\beta d(x,y)}] \tag{2.19}$$

式中 $I(x,y)$ 为成像设备采集的雾霾图像，$d(x,y)$ 为处于图像像素点 (x,y) 上的景深。何恺明等用该模型进一步简化出新的模型，该物理模型为目前广泛应用的雾霾图像退化模型：

$$I(x,y) = J(x,y)t(x,y) + A[1 - t(x,y)] \tag{2.20}$$

该模型中 $J(x,y)$ 代表无雾图像，即真实场景未退化的图像；$t(x,y)$ 表示介质传输图，刻画光线经大气介质散射后的衰减程度，$t(x,y)=e^{-\beta d(x,y)}$；A 表示大气光，设为全局常量。不难发现，该物理模型未知量多于模型个数，模型不利用外界约束不可直接求解。

由式（2.20）可知，该模型主要由两方面组成：入射光直接衰减项 $J(x,y)t(x,y)$ 和大气光间接衰减项 $A[1-t(x,y)]$，如图 2-5 所示。此时将大气光 A 规定为一个全局不变的恒常数，而局域内的间接衰减项 $A[1-t(x,y)]$ 会增大，已知的雾霾图像 $I(x,y)$ 不可变时，直接衰减项 $J(x,y)t(x,y)$ 会减小则不符合实际，局域会出现去雾效果不佳的现象。

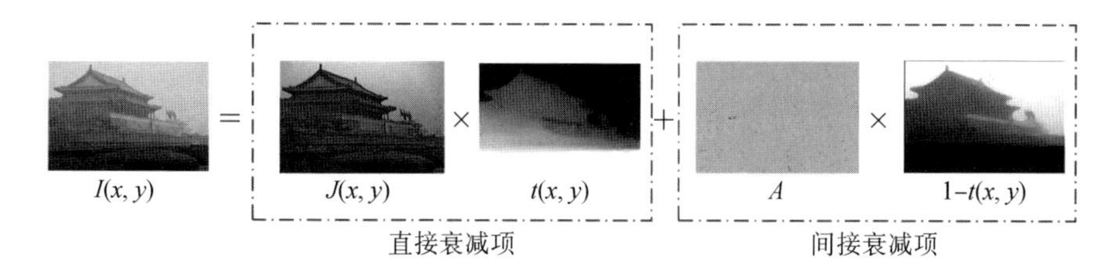

图 2-5　雾霾图像模型构成示意图

资料来源：K. He，J. Sun and X. Tang. Single image haze removal using dark channel prior [C]. In Proceedings of IEEE International Conference on Computer vision and pattern recognition，2009，1956—1963.

§2.2.3　影响去雾图像特征的因素

1. 预计大气光对去雾图像的影响

经研究雾霾退化模型可得在雾霾图像的复原中大气光 A 有着举足轻重的作用。有效估计 A 的程度将可对图像去雾的结果产生影响。这里在局域内将介质传输图 $t(x,y)$ 视作常数值，式（2.20）两端同时除以 $1-t(x,y)$ 经变型，可得：

$$A=\frac{1}{1-t(x,y)}I(x,y)-\frac{t}{1-t(x,y)}J(x,y) \tag{2.21}$$

其中 $I(x,y)$ 与 $t(x,y)$ 均取固定值，且 $0<t(x,y)<1$。因而，A 与 $J(x,y)$ 组成的一阶线性方程式。纳拉辛汉（Narasimhan）提出 $J(x,y)$、$I(x,y)$

及 A 共面同时 3 个矢量的点共线，如图 2－6 所示。在 $I(x,y)$ 不改变的条件下，若 A 的值较小，称为 A_1；在 $I(x,y)$ 不变的情况下，需要满足约束条件为端点共线的前提，则需添加 $J(x,y)$ 的值，称 $J_2(x,y)$；而当 A 的值较大，称为 A_2，则需减小 $J(x,y)$ 实现点共线，称 $J_1(x,y)$。

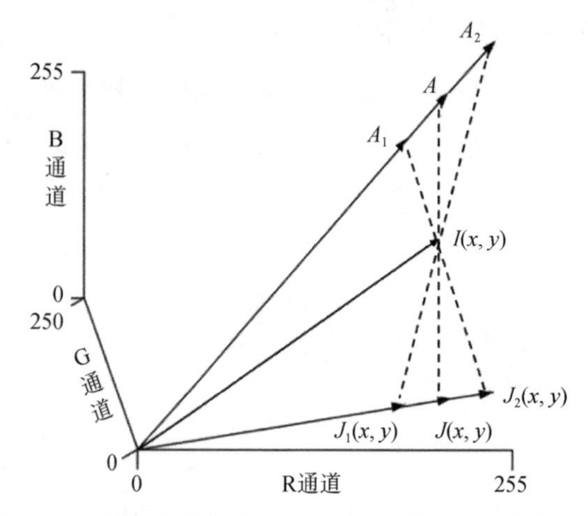

图 2－6　雾霾图像复原结果受大气光估计值的作用程度

资料来源：S. G. Narasimhan，S. K. Nayar. Vision and the atmosphere [J]. International Journal of Computer Vision，2002，48（3）：233—254.

为具体揭示 A 的估计值对复原雾霾图像产生的影响，文中选择一幅经典雾霾图像，A 的值分别为｛135，160，185｝，其中 A 的准确估计值是 160。如图 2－7，（b）—（d）的顺序是 A 取值为｛135，160，185｝对应的去雾效果图。如图 2－7（b），若 A 被估计的较小，计算出 $J(x,y)$ 的值大于真实值，使得去雾图像出现整体亮度偏高，图像对比度较高，边缘信息部分丢失的情况；如图 2－7（d），若 A 被估计的较大，计算出 $J(x,y)$ 的值则小于真实值，导致去雾图像整体显得较暗，图像的对比度相对低。

2. 环境噪声对去雾图像的影响

在真实环境里，设备捕捉图像时不仅有雾霾的影响使图像退化，同时可能会受到环境噪声的影响。处理含噪的雾霾图像，若只考虑到雾霾产生的影响，去雾后图像的噪声水平会被放大。通常噪声是来自采集环境，看作是加性噪声。修正含噪雾霾图像的模型为：

(a) 雾霾图像

(b) 去雾效果图(A=135)

(c) 去雾效果图(A=160)

(d) 去雾效果图(A=185)

图 2－7　A 取不同值时图像去雾效果比较

资料来源：雾霾图像为网络来源，去雾图像为实验图像

$$I(x,y)=J(x,y)t(x,y)+A[1-t(x,y)]+n(x,y) \tag{2.22}$$

式中 $n(x,y)$ 为环境噪声。关于式（2.22）的求解有两种思路：分步处理和协同处理。分步处理为第一步消噪第二步除雾与第一步除雾第二步消噪两种类型算法。前一类算法在消噪后会产生图像变模糊，损失细节信息，不能顺利完成下一步的除雾过程；而后一类算法将出现：

$$J(x,y)=A+\frac{I(x,y)-A}{t(x,y)}-\frac{n(x,y)}{t(x,y)} \tag{2.23}$$

式中 $t(x)$ 为小于 1 的正数，与雾霾浓度变化成反比；此时若不约束噪声直接进行除雾处理，将引起噪声变大。图 2－8 是含噪雾霾图像分步去除雾霾和噪声的处理结果。图 2－8（b）为先去噪后去雾的结果，由于在去噪过程中对图像进行了平滑处理，在抑制噪声的同时也使场景信息模糊而丢失细节和纹理信息。图 2－8（c）为先去雾后去噪的结果，去雾后环境噪声变得更加明显，噪声被放大，对图像的干扰变得更加严重。

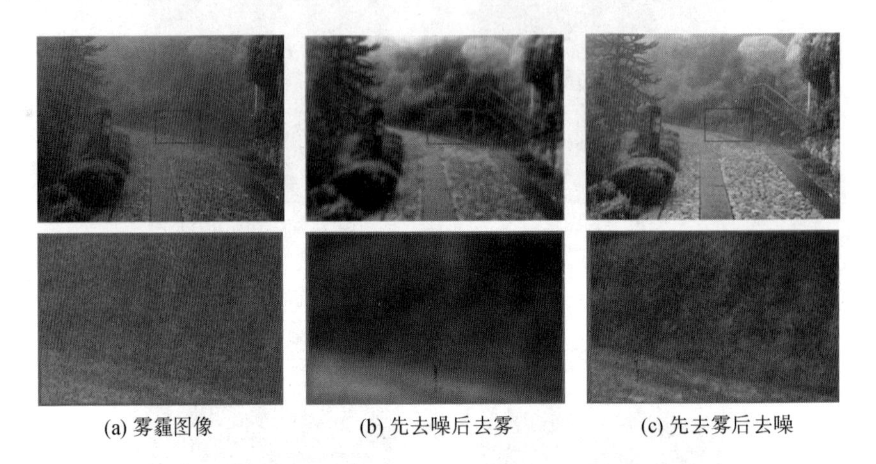

(a) 雾霾图像　(b) 先去噪后去雾　(c) 先去雾后去噪

图 2－8　含噪雾霾图像分步去除雾霾与噪声的处理结果

资料来源：雾霾图像 https：//www. cse. huji. ac. il/～raananf/；其余为实验处理图像。

§2.2.4　去雾图像质量客观评定标准

图像质量评价能在一定程度上评定图像质量的优劣。当前有许多针对图像处理后图像质量的主观与客观评价标准（Zhou Wang 等，2004）。然而针对图像去雾处理，图像质量评价标准却很少专门地研究且并未对评价体系达成一致（Tao Mei 等，2007）。一般情况下，评价去雾结果没有与之相应的清晰无雾的图像作为参照，只能采用衡量去雾图像对比度、细节及颜色等信息的无参考客观质量评价（Mathieu Carnec，2008）。

1. 基于有效细节强度的评价方法

在图像去雾中，因不能完全准确获取场景的深度信息，使得处理后的图像在景深突变的地方出现光晕效应。同时人眼视觉对图像边缘的缺失容易察觉，存在光晕效应的去雾图像可视性会显著降低。无光晕的去雾图像比存在光晕的去雾图像边缘信息少。图 2－9 用 Canny 算子表示图像边缘

(Weibin Rong，2013)。故单纯的图像边缘对比无法反映出去雾图像真实的细节情况，只有去除光晕效应后的图像边缘才能真实体现有效的细节强度。

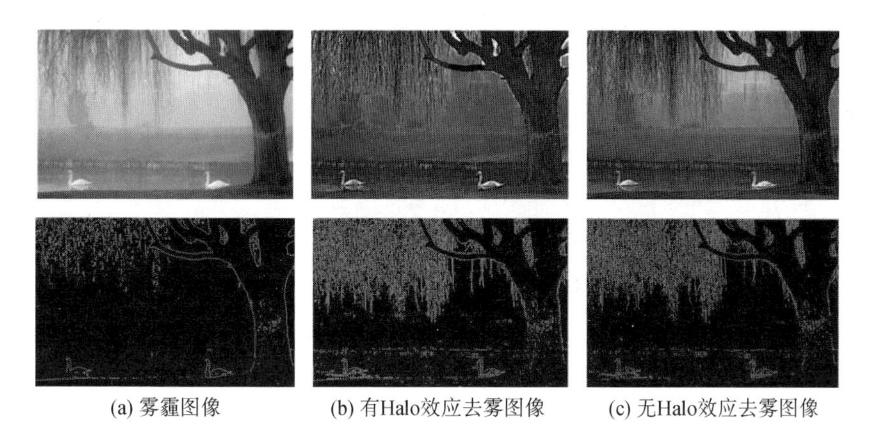

(a) 雾霾图像　(b) 有Halo效应去雾图像　(c) 无Halo效应去雾图像

图 2-9　Canny 算子测出的图像边缘

资料来源：雾霾图像 https：//www. cse. huji. ac. il/ ~ raananf/；其余为实验处理图像。

雾霾图像经过去雾处理后会更清晰，且边缘对比度则更高。图像的光晕效应通常发生在物体边缘的位置，最为明显的光晕效应在景深突变处。严重影响去雾图像的可视性。遵循光晕效应的自身特点，设定图像 $I(x)$ 的亮通道 $I^{bright}(x)$：

$$I^{bright}(x) = \max_{y \in \Omega(x)} [\max_{c \in \{R,G,B\}} I^{C}(y)] \tag{2.24}$$

其中，$I^{C}(x)$ 表示图像 $I(x)$ 的 R、G、B 三个通道，$\Omega(x)$ 表示像素点 x 做中心的邻域，大小取 15×15。

接下来，利用 Canny 算子执行边缘检测针对去雾图像的照度图像 $L(x)$，令边缘图像 $L_{canny}(x)$ 并且进行求和，则总的细节强度 L_s。

$$L_s = \sum L_{canny}(x) \tag{2.25}$$

因图像去雾处理后可能产生光晕效应，故 $L_{canny}(x)$ 可检测到边缘像素点的总和，去雾后 $I^{bright}(x)$ 里图像的邻域值求和，则经过图像去雾的光晕强度 I_{halo} 的近似值为：

$$I_{halo} = \sum_{x \in \phi} [\sum_{y \in \Omega(x)} I^{bright}(y)] \tag{2.26}$$

其中，$\Omega(x)$表示像素点 x 做中心的邻域，大小取 15×15。

在总的细节强度 L_s 里除去光晕强度 I_{halo}，即可得到有效细节强度 I_{valid}，这里利用有效细节强度占总细节强度里的比例去评价去雾图像的细节能力，为：

$$I_{valid}=(L_s-I_{halo}/n)L_s \tag{2.27}$$

2. 基于色调还原度的评价方法

雾霾天气时，采集到的图像饱和度会降低且色调会发生偏移。可以增加图像色彩的强度，但对于去雾图像来讲，并不是图像色彩的强度越高图像可视性越好。如果图像本身比较暗时，对其进行去雾增强后往往会产生图像颜色的失真（李大鹏等，2011）。Tan 的算法中以去雾图像的对比度大于雾霾图像为先验，利用局部对比度的提高来实现图像去雾。如图 2－10（b）所示，该算法可提高去雾图像的可视性，但并没有恢复出场景的真实色调，故该算法的去雾图像其色彩过于饱和。而图 2－10（c）中的算法既考虑到雾霾图像的可视性同时也很好的复原出场景的真实色调。

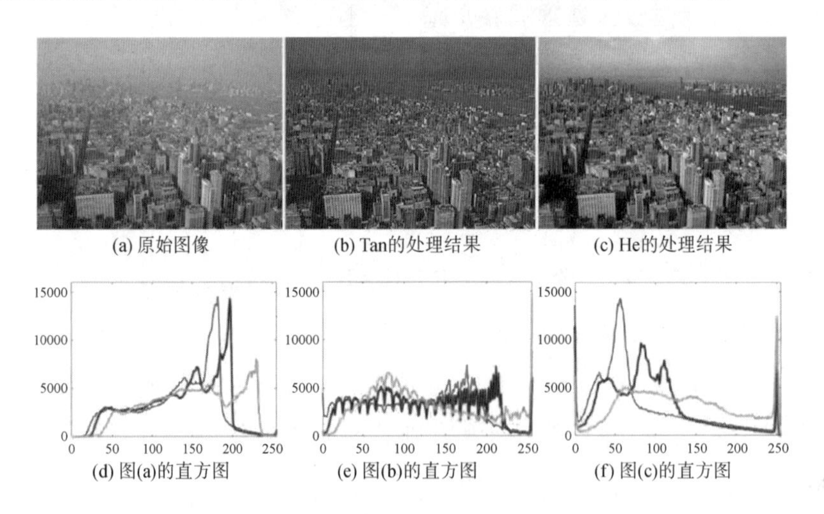

图 2－10 去雾图像前后的对应直方图对比

资料来源：（a）（c）K. He，J. Sun and X. Tang. Single image haze removal using dark channel prior [C]. In Proceedings of IEEE International Conference on Computer vision and pattern recognition，2009，1956－1963.（b）R. Tan. Visibility in bad weather from a single image [C]. In Proceedings of IEEE Conference on Computer Vision and Pattern Recognition，2008，1—8.

雾霾图像与去雾图像相比，直方图会产生整体向右移。当去雾算法能够恢复出真实色调，这样的情况下雾霾图像与恢复图像的直方图在形状会相应一致。从图2－10（d）和（e）可以看出，当去雾图像的直方图相对较好的保持与雾霾图像相一致时，该恢复图像的可视性佳，色调复原较自然，人眼视觉的观感较好。故可对比图像的直方图相似程度来衡量该图像的色调偏移程度。

两直方图的分布之间的相似程度称为直方图相似度。使用相关系数（Correlation）进行图像去雾后的图像与雾霾图像直方图相似性的评价。

$$d_{correl}(h',h) = \frac{\sum_k (h'_k - \overline{h'})(h_k - \overline{h})}{\sqrt{\sum_k (h'_k - \overline{h'})^2}} \tag{2.28}$$

其中，$\overline{h'}$，$\overline{h}$ 表示 h'_k，h_k 的平均值，归一化其结果。在式（2.28）中，$0 < d_{correl} < 1$，匹配度随 d_{correl} 的增大而提高。

3. 基于可见边缘的评价方法

雾霾天气时最重要的特征之一是能见度下降。能见度是大气中关于透明度的指标，用来度量人眼视距的物理量，与大气光学的特性和人眼视觉特性有关（吴迪等，2015）。气象学中，在人眼的标准视力以及适当的天气条件下，可以从以天空为背景里识别到规定尺寸的有效目标物时所能达到的最大距离，定义为气象能见度。雾霾图像中能见度是非常重要的指标，此处使用的评价方法是与可见边缘的性能客观对比的评价依据（郭璠，2012）。使用可视边缘中的三个评价参数：图像复原后增加的可视边的比 e、可视边的规范化梯度均值 $\bar{r}$ 与含有饱和白、黑像素点的比例 σ，在各个方面客观评价去雾算法的效果。三个评价参数为：

$$e = \frac{n_r - n_0}{n_0} \tag{2.29}$$

$$\bar{r} = exp\left[\frac{1}{n_0}\sum_{p_i \in \wp_r} \log r_i\right] \tag{2.30}$$

$$\sigma = \frac{n_s}{dim_x \times dim_y} \tag{2.31}$$

其中，n_r 与 n_0 各自代表雾霾图像 I_0 和去雾后的图像 I_r 的可见边数，$\wp_r$ 是 I_r 的可见边集合，p_i 代表可见边的像素点，r_i 则代表去雾后的图像和雾霾图像在 p_i 处的梯度比，n_s 表示饱和白色或者黑色像素点数，dim_x 与 dim_y 各自代表图像中的宽与高（赵宏宇，2015）。针对图像去雾算法使用此类评价方法，期望得到最大化地保留场景信息，又能适当去除雾霾带来的影响。可知当 e 与 $\bar{r}$ 变大时，σ 则会变小，此时去雾效果好。

可见边的定义源自尼古拉斯·豪蒂尔（Nicolas Hautiere）提出的对比度一致法，该法的思想主要是探求到最优化的阈值检验高对比度边与低对比度边（Nicolas Hautiere，2006）。使用科勒法求取可见边的步骤为：

假定图像内存在像素(a,b)被阈值 s 分割，其中 $b \in E_4(a)$。此处 $E_4(a)$代表像素 a 的四邻域，则 s 满足以下条件：

$$min[f(a),f(b)] \leqslant s \leqslant max[f(a),f(b)] \tag{2.32}$$

设 $F(s)$是像素(a,b)被阈值 s 分割的集合，$F(s)$中对比度的方法为：

$$C_{a,b}(s) = min\left\{\frac{|s-f(a)|}{max[s,f(a)]},\frac{|s-f(b)|}{max[s,f(b)]}\right\} \tag{2.33}$$

求取平均对比度的公式为：

$$C(s) = \frac{\sum_{(a,b) \in F(s)} C_{a,b}(s)}{M} \tag{2.34}$$

其中 $F(s)$的像素数由 M 表示，$C(s_0)$为平均对比度的最高峰点，s_0 为最优化分割阈值，则

$$s_0 = \underset{s \in [0,255]}{argmax} C(s) \tag{2.35}$$

其中，$2C(s_0)$评估像素的对比度。CIE 定义当对比度大于 0.05 时，该像素点为候选的能见度点，故 $2C(s_0) > 0.05$，则 $F(s_0)$称为可见边。

此外，本书还使用了常见的参考型的客观质量评价如：均方误差（MSE）、峰值信噪比（PSNR）、结构相似性（SSIM）等。

§2.3　随机游走模型分析

§2.3.1　随机游走理论基础

随机游走（Random Walk）又可称为随机漫步或随机游动（KarlPearson，1905）。现实生活里到处存在同随机游走相关的现象。如图 2－11 所示，气体分子扩散、墨水滴入水中的过程和气味的散发等现象。扩散现象是以随机游走为理论基础的，故其被广泛应用在模拟某些化学与物理的扩散现象中。

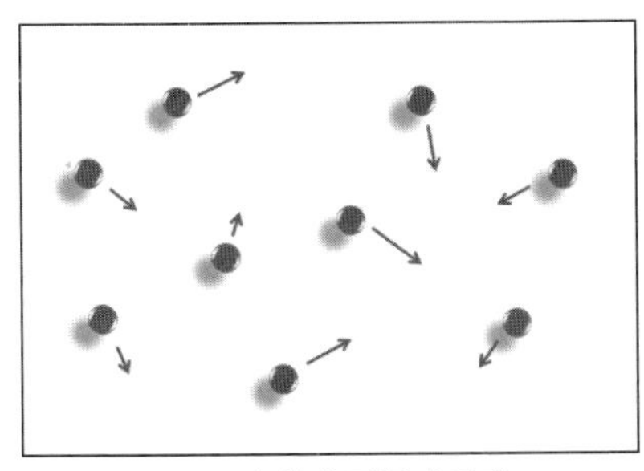

(a) 气体分子运动示意

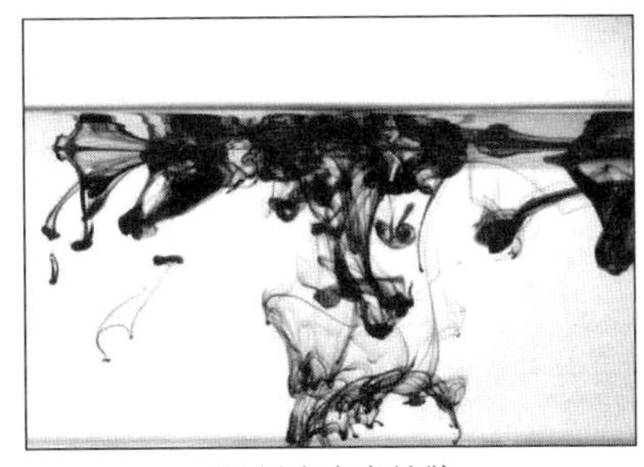

(b) 墨在水中扩散

图 2－11　自然界中与随机游走有关的扩散现象

资料来源：（a）作者自行绘制（b）http：//so. redocn. com/shui/cbaed6d0c0a9c9a2b5c4c4abcbae. htm.

在应用数学中，随机游走往往被用于随机元素去模拟实际动力系统的过程。图 2－12 的（a）和（b）为模拟二维以及三维空间的随机游走。

图 2－13 中表示实验者在 A、B、C 三个点上构成图上 Random Walk 的转移过程，图中的数字代表转移概率，按照箭头所指的四个状态分别表示 $t=0$，1，2，3 时四个时刻中实验者所处的的状态。

1905 年 Pearson 正式提出随机游走理论，包含于随机过程的研究领域。

从 20 世纪 80 年代开始，大量研究者逐渐开始针对图上的随机游走进行探究。期间，包括顶尖图论专家 B 波洛巴（B. Bollobas），拉兹洛·洛瓦

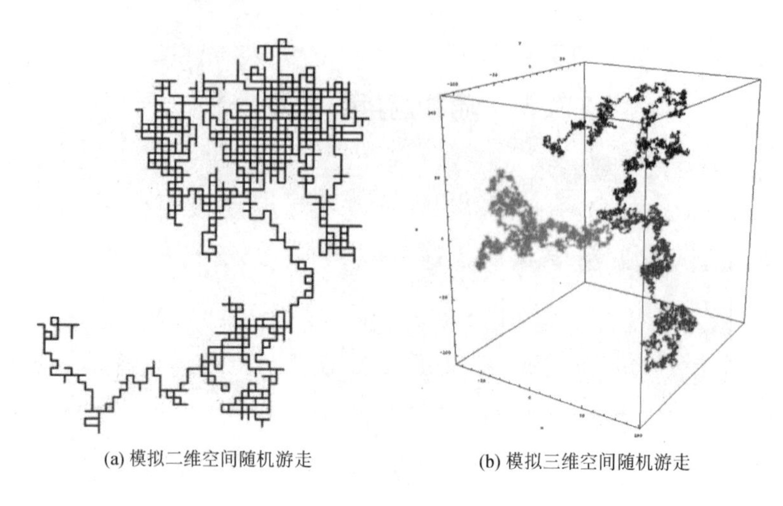

图 2－12 模拟随机游走图

资料来源：（a）https：//zhuanlan. zhihu. com/p/24935271（b）Altendorf H，Jeulin D. Random－walk－based stochastic modeling of three－dimensional fiber systems. ［J］. Physical Review E，2011，83（4）.

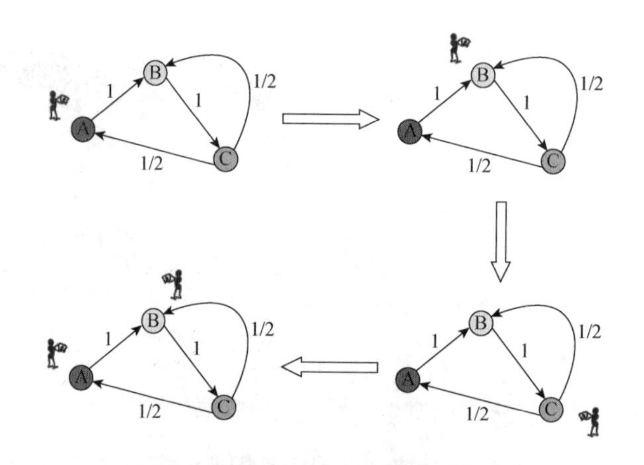

图 2－13 随机游走状态转移模型

资料来源：http：//www. 07net01. com/program/111797. html.

茨（Laszlo Lovasz），R 坎南（R. Kannan），L 格雷迪（L. Grady）等，专注于研究随机游走与图之间的连通关联，研究者从理论的高度上透彻地探索随机游走于图上的覆盖时间、首次访问时间、往返时间、还包括混合时间以及特征值等相关研究对象。同时还有一些不错的随机游走参考论著值得对此方面感兴趣的研究者仔细研读：由拉兹洛·洛瓦茨（Laszlo Lovasz，

1925）所著的《Random walks on graphs：a survey》是一部十分不错的图上随机游走的综述，该文研究了随机游走理论的各个方面以及随机游走的一些应用问题；与此相关的专著还包括戴维奥尔德斯（David Aldous）所著的《Reversible Markov Chains and Random Walks on Graphs》（David Aldous 等，2014）、莫里·布拉姆森（Maury Bramson）的《Random Walk in Random Environment：A Counterexample?》（Maury Bramson 等，1988）以及肖柳青和周石鹏的《随机模拟方法与应用》等（肖柳青，2014）。

不难发现以上关于随机游走的理论研究为其在生产生活中的应用打下扎实的根基，随机游走最早应用于信息检索范畴。在电力网络以及电路网格等方面，随机游走同样有十分广泛的应用（Peter G Doyle，1984）。此外，随机游走还应用于复杂网络中同时还在分析蛋白质网络以及社会网络的研究中起着非常重要的作用（M E J Newman，2005）。

随机游走被应用于网络方面后，机器学习研究者逐渐将关注点转移到随机游走上，且逐步应用于半监督学习、聚类分析、图像分割、图像增强以及图像复原等问题的解决（David Harel，2001）。随机游走模型通过建立未知参量到达其邻域点的概率，所得概率图模型可描述元素间相邻关系的数学模型（J. A. Bondy，1976）。

§2.3.2　随机游走算法的相关理论

1. 图论基础

图的定义：

定义 1　$V \overset{def}{=} \{v_1, v_2, \cdots, v_n\}$ 表示顶点集，其元素 v_i 表示第 i 个顶点，n 为顶点个数。

定义 2　$E \overset{def}{=} \{e_1, e_2, \cdots, e_k\}$ 表示边集，其元素 $e_k = (v_i, v_j)$ 为表示连接顶点 v_i 和 v_j 的边，且有 $E \subseteq V \times V$。

定义 3　$G \overset{def}{=} \{V, E\}$ 表示图。如果 $\forall (v_i, v_j) \in E$ 都有 $(v_i, v_j) \in E$，那么 G

称为无向图，反之，G 称为有向图。

定义4　给定映射 $w:E \mapsto R^{+} \cup \{0\}$，那么称 $G=(V,E,w)$ 为加权图，w 为权重函数。通常 $W \overset{def}{=} w(E)$ 为权重集，所以也记加权图为 $G=(V,E,W)$。

定义5　权重 W 可表示为归一化的矩阵

$$W \overset{def}{=} [w_{ij}]_{n \times n} \tag{2.36}$$

其中

$$w_{ij}=w(v_i,v_j)$$

当

$$w_{ij}=\begin{cases}1, & v_i \sim v_j, \\ 0 & \text{其他}\end{cases}$$

因无向图故 $w_{ij}=w_{ji}$。其中 $v_i \sim v_j$ 表示顶点 v_i 与 v_j 相邻。

2. 随机游走定义及符号

基于图论基础可知将图像定义为含有顶点、边和权重构成的离散集合 $G=(V,E,W)$，其中 V 代表在图像中每一个像素点都会对应着的顶点 v_i 的集合，E 代表同时连接顶点 v_i 和 v_j 边的集合，W 是用 w_{ij} 表示每条边的权重，体现了相邻像素之间的差异度和相似度（徐晓华，2008）。

定义1　顶点度对角阵

$$D \overset{def}{=} \begin{pmatrix} d_{11} & & \\ & \ddots & \\ & & d_{nn} \end{pmatrix} \tag{2.37}$$

其中 $d_{ii}=d(v_i)=\sum_{j=1}^{n} w_{ij}$。

定义2　权重

$$w_{ij}=exp[-\alpha(I_i-I_j)^2] \tag{2.38}$$

式中 I_i 表示顶点 v_i 的灰度值；I_j 表示与顶点 v_i 相邻的顶点 v_j 的灰度值；α 为自由参数。

定义 3　转移概率

$$p_{ij}=\frac{w_{ij}}{\sum_k w_{ik}}=\frac{w_{ij}}{d_{ii}} \tag{2.39}$$

式中 p_{ij}代表由顶点 v_i 转移至 v_j 的概率，该转移矩阵可表达为：

$$P=D^{-1}W \tag{2.40}$$

性质 1　转移概率 P 特征值有：

$$1=\lambda_1\geqslant\lambda_2\geqslant\cdots\lambda_n\geqslant -1$$

中间存在特征值是 1 的特征向量为 $u_1=[1,1,\cdots,1]^T$。

定义 4　亲和矩阵

$$A\overset{def}{=}D^{-\frac{1}{2}}WD^{-\frac{1}{2}} \tag{2.41}$$

性质 2　转移概率 P 与亲和矩阵 A 关系如下：

$$A=D^{-\frac{1}{2}}WD^{-\frac{1}{2}}=D^{\frac{1}{2}}D^{-1}WD^{-\frac{1}{2}}=D^{\frac{1}{2}}PD^{-\frac{1}{2}} \tag{2.42}$$

$$P=D^{-1}W=D^{-\frac{1}{2}}D^{-\frac{1}{2}}WD^{-\frac{1}{2}}D^{\frac{1}{2}}=D^{\frac{1}{2}}AD^{-\frac{1}{2}} \tag{2.43}$$

3. 同图像处理相关联的随机游走算子介绍

随机游走模型工具是以算子的形式作用在图像处理的，故在本节中会对三种最常用的随机游走算子定义和性质以及相互之间的关联进行介绍，同时介绍其在图像处理中的作用，为去雾算法改进打下良好的根基。

（1）拉普拉斯（Laplace）算子

定义 1　梯度算子 ∇

$$D\overset{def}{=}\left[\frac{\partial}{\partial x_1},\frac{\partial}{\partial x_2}\cdots\frac{\partial}{\partial x_n}\right]^T \tag{2.44}$$

那么在 Ω 上的函数 f 存在于点 x 处的梯度有：

$$\nabla f(x)=\begin{bmatrix}\dfrac{\partial f(x)}{\partial x_1}\\ \dfrac{\partial f(x)}{\partial x_2}\\ \vdots\\ \dfrac{\partial f(x)}{\partial x_n}\end{bmatrix} \tag{2.45}$$

定义 2　开集 $\Omega \subset R^n$ 中的微分算子

$$\Delta \overset{def}{=} \frac{\partial^2}{\partial x_1^2} + \frac{\partial^2}{\partial x_2^2} + \cdots + \frac{\partial^2}{\partial x_n^2} \tag{2.46}$$

则在 Ω 上的函数 f 有：

$$\Delta f = \frac{\partial^2}{\partial x_1^2} + \frac{\partial^2}{\partial x_2^2} + \cdots + \frac{\partial^2}{\partial x_n^2} \tag{2.47}$$

性质 1　微分算子 Δ 与梯度算子 ∇

$$\Delta = \nabla \cdot \nabla \tag{2.48}$$

则在 Ω 上的函数 f 有：

$$\| f \|_{\Delta} = \langle f, \Delta f \rangle = \int f(\Delta) f dx = \int \nabla f \cdot \nabla f dx = \int \| \nabla f \|^2 dx \tag{2.49}$$

上式可被用于示意函数 f 在 Ω 上表示的“光滑性”（Alexander J Smola，2003）。

（2）图上的拉普拉斯算子

图上的随机游走与谱图理论为同一脉络的传承，该理论成果主要来自文献。通过与 Laplace 算子的类比，可推出图上的 Laplace 算子的相关定义（Fan. R. K. Chung）。

定义 3　离散 Laplace 算子 ∇

$$\Delta(v_i, v_j) \overset{def}{=} \begin{cases} 1 - \dfrac{w(v_i, v_j)}{d(v_i)} & \text{当 } v_i = v_j \text{ 且 } d(v_i) \neq 0 \\ -\dfrac{w(v_i, v_i)}{d(v_i)} & \text{当 } v_i \text{ 和 } v_j \text{ 相邻} \\ 0, & \text{其他} \end{cases} \tag{2.50}$$

用矩阵表示

$$\Delta = I - P \tag{2.51}$$

定义 4　组合 Laplace 算子 L

$$L(v_{i,} v_j) \overset{def}{=} \begin{cases} d(v_i), & \text{当 } v_i = v_j, \\ -w(v_i, v_j), & \text{当 } v_i \sim v_j, \\ 0, & \text{其他,} \end{cases} \tag{2.52}$$

定义 5　标准化组合 Laplace 算子 Γ

$$\Gamma(v_i,v_j) \overset{def}{=} \begin{cases} 1, & \text{当 } v_i = v_j \text{ 且 } d(v_i) \neq 0, \\ \dfrac{-w(v_i,v_j)}{\sqrt{d(v_i,v_j)}}, & \text{当 } v_i \sim v_j, \\ 0, & \text{其他,} \end{cases} \tag{2.53}$$

性质 2　将算子 Γ 看作作用到定义在顶点集合 V 上的函数 g 上，有：

$$\Gamma g(v_i) = \frac{1}{\sqrt{d_i}} \sum_{v_i,v_j \sim v_i} \left[\frac{g(v_i)}{\sqrt{d_i}} - \frac{g(v_j)}{\sqrt{d_j}} \right] \tag{2.54}$$

性质 3　设由组合 Laplace 算子得到的组合 Laplace 矩阵 ，其标准化的组合 Laplace 矩阵为，则有：

$$\Delta = D^{-1}L = D^{-\frac{1}{2}}\Gamma D^{\frac{1}{2}} \tag{2.55}$$

$$L = D - W \tag{2.56}$$

$$\begin{aligned} \Gamma &= D^{-\frac{1}{2}}LD^{-\frac{1}{2}} \\ &= I - A \\ &= I - D^{-\frac{1}{2}}WD^{-\frac{1}{2}} \end{aligned} \tag{2.57}$$

性质 4　组合 Laplace 矩阵其谱分解形式

$$L = \sum_{i=1}^{n} u_i z_i z_i^T \tag{2.58}$$

标准化的组合 Laplace 矩阵其谱分解形式为：

$$l = \sum_{i=1}^{n} \tilde{u}_i \tilde{z}_i \tilde{z}_i^T \tag{2.59}$$

性质 5　如将 g 定义为顶点 V 集合的向量，则 g_i 表征了顶点处的值

$$\| g \|_\Gamma = \langle g, \Gamma g \rangle \tag{2.60}$$

$$\begin{aligned} \langle g, \Gamma g \rangle &= g^T g - g^T A g \\ &= \sum_i g_i^2 - \sum_{i,j} \frac{w_{ij}}{\sqrt{d_i d_j}} g_i g_j \\ &= \frac{1}{2}\sum_i g_i^2 + \frac{1}{2}\sum_j g_j^2 - \sum_{i,j} \frac{w_{ij}}{\sqrt{d_i d_j}} g_i g_j \end{aligned}$$

$$= \frac{1}{2}\sum_i g_i^2 \frac{\sum_j w_{ij}}{d_i} + \frac{1}{2}\sum_j g_j^2 \frac{\sum_i w_{ij}}{d_j} - \sum_{i,j} \frac{w_{ij}}{\sqrt{d_i d_j}} g_i g_j$$

$$= \frac{1}{2}\sum_{i,j} w_{ij} \frac{g_i^2}{d_i} + \frac{1}{2}\sum_{i,j} w_{ij} \frac{g_j^2}{d_j} - \sum_{i,j} w_{ij} \frac{g_i g_j}{\sqrt{d_i d_j}}$$

$$= \frac{1}{2}\sum_{i,j} w_{ij} (\frac{g_i}{\sqrt{d_i}} - \frac{g_j}{\sqrt{d_j}})^2$$

故 $\| g \|_\Gamma = < g, \Gamma g > = \frac{1}{2}\sum_{i,j} w_{ij} (\frac{g_i}{\sqrt{d_i}} - \frac{g_j}{\sqrt{d_j}})^2$ 该性质中标准化组合 Laplace 算子 Γ 权衡离散数据的“光滑性”。

（3）图上的格林算子

1928 年，George Green 提出了格林（Green）函数，此后该函数被大量用于微分方程中，在本书中仅针对图上的 Green 算子进行介绍（Fan Chung，2000）。

扩散过程的热核方程：

$$\frac{\partial \Upsilon}{\partial t} = -l\Upsilon_t \tag{2.61}$$

其中 Υ_t 代表热核，t 代表时间。

热核的偏微分方程解为：

$$\Upsilon_t = e^{-tl} \tag{2.62}$$

把式（2.58）利用 Taylor 级数展开，代入 l 的谱分解形式（2.56）

$$\Upsilon_t(v_i, v_j) = \sum_{k=1}^{n} e^{-\tilde{u}_k t} \tilde{z}_{ik} \tilde{z}_{jk} \tag{2.63}$$

定义 1　格林（Green）算子是 Laplace 算子的逆算子

$$\Theta\Delta = GL = gl = \hbar \tag{2.64}$$

式中，Θ 为离散的格林算子中对应的离散的 Laplace 算子 Δ，G 为组合格林算子对应于组合 Laplace 算子 L，g 为标准化的组合 Green 算子对应于标准化的组合 Laplace 算子 l，$\hbar$ 为单位算子。

性质 6

$$\Theta = GD = D^{-\frac{1}{2}} g D^{\frac{1}{2}} \tag{2.65}$$

或 $G = \Theta D^{1} = D^{-\frac{1}{2}} g D^{-\frac{1}{2}}$

或 $g = D^{\frac{1}{2}} \Theta D^{-\frac{1}{2}} = D^{-\frac{1}{2}} G D^{\frac{1}{2}}$

将离散的格林算子 Θ 与离散的 Laplace 算子 Δ 一起作用，在（v_i, v_j）得

$$\Theta\Delta(v_i, v_j) = \hbar\ (v_i, v_j) - \frac{d_{jj}}{vol} \tag{2.66}$$

又因

$$\int_0^{-\infty} e^{-ut} = \frac{1}{u}$$

结合以上的热核方程的解

$$g = \int_0^{+\infty} \Upsilon_t dt$$

性质 7　green 算子谱的表示

$$G(v_i, v_j) = \sum_{u_k \neq 0} \frac{1}{u_k} z_{ik} z_{jk} \tag{2.67}$$

以及

$$g(v_i, v_j) = \sum_{u_k \neq 0} \frac{1}{\tilde{u}_k} \tilde{z}_{ik} \tilde{z}_{jk}$$

接下来有

$$GL = LG = 1 - \sum_{u_k = 0} z_k z_k^t \tag{2.68}$$

$$gl = lg = 1 - \sum_{\tilde{u}_k = 0} \tilde{z}_k \tilde{z}_k^t$$

从矩阵角度解释格林矩阵是 Laplace 矩阵的伪逆用“†”表示。

$$\Theta = \Delta^{\dagger} \tag{2.69}$$

$$G = L^{\dagger} \tag{2.70}$$

$$g = l^{\dagger} \tag{2.71}$$

§2.3.3　随机游走算法在图像处理的应用状况分析

在本节中首先介绍随机游走理论在图像复原、图像增强以及图像分割

中的应用情况（Leo Grady，2006）。本书将现有的随机游走能量优化模型进一步修改和完善，使其更符合针对图像去雾的求解，旨在为下面几章中探索更便捷的去雾算法做准备。在本节最后，概要表述了关于随机游走和马尔可夫随机场、变分模型以及偏微分方程之间的联系。

1. 使用随机游走理论在图像增强的应用情况分析

1999 年博格丹·斯摩卡（Bogdan Smolka）基于随机游走理论提出了针对灰度图像对比度增强问题的新算法。文中基于一个虚拟粒子模型，它执行在图像格上随机游走（Bogdan Smolka，1999）。假设在晶格上的粒子点到某一点的行走质点转变为概率，它的邻域由吉布斯分布决定。每个格点的概率赋值会得到一个增强的图像，可以用迭代的方式处理

$$P_{ij,ij} = \begin{cases} \dfrac{\xi_{ij,ij}\exp\{\beta[V(i,j) - V(i,j)]\}}{\sum\limits_{m=-\lambda}^{\lambda}\sum\limits_{n=-\lambda}^{\lambda}\xi_{(i,j)\;,(i+m,j+n)}\exp\{\beta[V(i,j) - V(i+m,j+n)]\}} & :\rho(i,j),(k,l) \leqslant u \\ 0 & :\rho(i,j),(k,l) > u \end{cases} \tag{2.72}$$

其中 $V(i,j)$ 是点 (i,j) 的势能，代表该点的灰度值，ξ_{ij} 是一个变量随着图像点之间的距离的增大而减小，在该文献中 $\beta=10$，$u=15$。该式是随机游走首次以势能的形式解决在图像处理中的问题。

在 2015 年，Wang 在 Grady 随机游走图像分割的能量最小化基础上提出了边缘保持的随机游走滤波器（Zhaobin Wang 等，2015）。与之前算法不同的是，通过求解线性方程组所提出的算法能够获得平滑的结果。为使随机游走滤波算法适应图像平滑，最优化能量函数如下所示：

$$E_{RW} = \frac{1}{2}\sum_{e_{ij}} w_{ij}\,(f_i - f_j)^2 + \frac{\psi}{2}\sum_{i=1}^{n} d_i\,(f_i - u_i)^2 \tag{2.73}$$

第一项是传统随机游走算法中的项，该项实现了输出图像 f 的平滑度称为平滑项，第二项为数据项，通过每个像素数对 f 和 u 之间的距离进行最小化操作。其中，ψ 权衡这两项。在本书第 5 章，该随机游走的边缘保

持滤波器经过改进后用于滤除噪声取得了不错的效果。

2. 使用随机游走理论在图像复原的应用情况分析

2000 年，博格丹·斯摩卡（Bogdan Smolka）提出了一种新的图像恢复的算法。该算法描述的滤波技术能抑制不同种类的噪声，同时保留图像边缘（Bogdan Smolka 等，2000）。该算法同样是基于一个虚拟粒子的概念执行一种特殊的随机游走——自回避随机游走，即相邻边的共有顶点只游走一次。

$$J(x_{n,}y_n) = \arg min \{ \sum_{k=1}^{n} |F(x_k, y_k) - F(x_{k+1}, y_{k+1})| \} \tag{2.74}$$

其中 $F(x_k, y_k)$ 代表各向异性扩散粒子形成一个扩散过程，在平滑图像的同时抑制了边缘平滑。

2001 年，博格丹·斯摩卡（Bogdan Smolka）提出了消除强噪声的概率算法。该算法可以被看作是对空间域中常用平滑操作的泛化和重新设计，处理速度快、易于实现，能够适应不同类型的图像退化（Bogdan Smolka 等，2001）。

$$J(i,j) = \arg \min_{\Theta} \{ \sum_{u=-n}^{n} \sum_{v=-n}^{n} \beta | I(i+u, j+v) - \Theta | \} \tag{2.75}$$

参数 β 为了防止模糊的同时抑制图像噪声和保留的边缘。Θ 为格林算子。

2009 年，龚紫云针对热门的非局域均值计算时间长且效率低的现象，提出一种基于随机游走的快速非局部均值图像去噪算法（龚紫云，2009）。首先建立概率密度函数，使用局域灰度直方图计算像素间的相似性，更好地保持纹理细节，得到非局部随机游走滤波：

$$RW\_NLf(\bar{x}) = \sum_{i=1}^{21\times 21} W(\bar{x}, \bar{x}_i) f(\bar{x}) d\bar{y} \tag{2.76}$$

其中，由像素 $\bar{x}$ 为初始点做随机游走，采样 $\bar{x}_i$ 时随机游走结束计算权值。该算法可明显提高计算速度且保持去噪效果较好的水平，但只针对高斯白噪声并且在像素块的选取上不够精细。

2012 年 Guojin Liu 等提出了一种基于谱图理论的随机游走算法，利用非子采样的轮廓变换捕捉图像的几何特征（Guojin Liu 等，2012）。具体地说，基于几何特征构造了一个新的权函数。此外，还生成了一个带有重新启动内核的二阶随机游走进行图像去噪。

$$f_{t+1} = Kf_1 \tag{2.77}$$

其中 $K = (\alpha I - \tilde{L})^P, \alpha \geqslant 2$，表示 P 步随机游走核。该算法在有效去除噪声的同时可更完整地恢复出图像细节和边缘结构，有较强的顽健性。但该算法的图谱理论需要求解超大的矩阵，在硬件的需求方面要求相对较高，不易实现。

3. 使用随机游走理论在图像分割的应用情况分析

2004 年，利奥·格雷迪（Leo Grady）初次把随机游走以势能的方式引入图像分割范畴同时得到很好的结果（Leo Grady 等，2004）。该随机游走算法是以图上的随机游走同离散的电势能理论代换的联系，从而得到随机游走的概率。Dirichlet 公式可定义为：

$$D[x] = \frac{1}{2}(Ax)^T C(Ax) = \frac{1}{2}x^T Lx = \frac{1}{2}\sum_{e_{ij} \in E} w_{ij}(x_i - x_j)^2 \tag{2.78}$$

其中，x 为电动势中的节点，L 是组合的 Laplace 矩阵，在连续的前提下，组合 Laplace 矩阵可利用组合梯度算子与组合散度算子表达为：$L = A^T A$。又因本构矩阵 $C_{e_{ij}e_{ks}}$ 可看作向量里加权内积的量，故组合的 Laplace 算子则扩充成为组合 Laplace－Beltrami 算子：$L = A^T CA$，当 $C = I$，则 $L = A^T A$。使用调和函数 x 得最小值，又有 Laplace 矩阵为半正定对称，则上式存在极小值。

2005 年，利奥·格雷迪（Leo Grady）在基础上提出将随机游走能量项 $E^s_{spatial}$ 与 Label 先验的能量项 $E^s_{aspatial}$ 公式（Leo Grady 等，2005）。其中，空间能量项 $E_{spatial} = x^{s\,T} Lx^s$ 为 Dirichlet 公式，而非空间能量项这里结合贝叶斯定理给出了节点上的能量项表达式 $E^s_{aspatial}(x^s) = \sum_{q=1,q\neq s}^{k} x^{q\,T}\Lambda^q x^q + (x^s - 1)^T \Lambda^s (x^s - 1)$，$s$ 为节点，q 为非节点，则式中第一项为非节点处的能量项，第二项则为节点处的能量项。最终图像分割的总能量项为以上两部分能量之和，

其中 γ 为自由参数

$$E^{s}_{Total} = E^{s}_{spatial} + \gamma E^{s}_{aspatial} \tag{2.79}$$

从以上随机游走能量公式来看，从开始的单一电势能发展为电势能与先验能量之和。在随机游走滤波的图像增强中已经明确提出了随机游走能量公式，且在此公式中包括平滑项和数据项。这能量的表示形式与全变分模型和马尔可夫的能量项有着非常相似的表达形式，具体情况在下节内容分析。

2012 年，麦克斯韦 D 柯林斯（Maxwell D Collins）在传统马尔可夫随机场的基础上提出随机游走作为多幅图像分割的非参数模型，且该模型不需要向传统非参模型那样增加辅助节点，优化模型（Maxwell D Collins, 2012）：

$$\min_{x_i, h_i, \bar{h}} \sum_i x_i^T L_i x_i + \lambda \| h_i - \bar{h} \|_2^2 \tag{2.80}$$

其中，$x_i \in [0,1]^{n_i}, x_i^{(s)} = m_i^{(s)}, H_i x_i = h_i, i = 1...m$。该模型为正则化的优化模型，因不需要新增加辅助节点故比传统的马尔可夫随机场模型求解多幅图像分割更有优势。

4. 随机游走模型与马尔可夫随机场、变分和偏微分方程之间的关系

经以上分析可知，随机游走的建模方法可归纳为：首先将需处理图像看作函数，再根据图像的特征选择适当函数，最后定义能量函数构建随机游走框架。该建模方法有着相对灵活的优势，可以凭借图像处理的具体情况采用不同的图像先验为随机游走框架中增加约束项。

解决图像处理问题经常使用的数学工具包括马尔可夫随机场、全变分模型、偏微分方程以及随机游走模型等。如图 2－14 所示，观察图像为 u_0，恢复图像为 u。由最大后验概率估计可得：

$$\hat{u} = arg\ max\ p(u|u_0) = arg\ max\ p(u)p(u_0|u) \tag{2.81}$$

式中，估计主要由图像的先验模型 $p(u)$ 决定的。如果图像分布先验由吉布斯场得到，则利用能量 $E(u)$ 可推算出 $p(u)$。而 $E(u)$ 以二阶邻域的势为根本，式（2.81）可等价于图 2－14 的随机游走模型框架：

$$E(u) = argmin \sum_{\Omega} (u - u_0)^2 + \lambda \sum_{\Omega} (\nabla u)^2 \tag{2.82}$$

重写式（2.82）可得到变分框架：

$$\min E(u \mid u_0) = \frac{1}{2}\int_{\Omega} (u - u_0)^2 dx + \frac{\lambda}{2}\int_{\Omega} (\nabla u)^2 dx \tag{2.83}$$

接下来对 $E[u|u_0]$ 求一阶变分，则可得该广义微分为：

$$\frac{\partial E(u|u_0)}{\partial u} = (u - u_0) - \lambda \Delta u + \left.\frac{\partial u}{\partial e}\right|_{\partial\Omega} \tag{2.84}$$

其中，e 表示边界的法方向，则边界项为希尔伯特的元素。对该式求解欧拉－拉格朗日平衡方程，可推导出图 2－14 中的偏微分方程：

$$-\Delta u + \lambda u = \lambda u_0 \tag{2.85}$$

鉴于以上分析，随机游走理论与马尔可夫随机场、变分理论以及偏微分方程的密切联系，为图像去雾技术的发展提供了良好的保障。

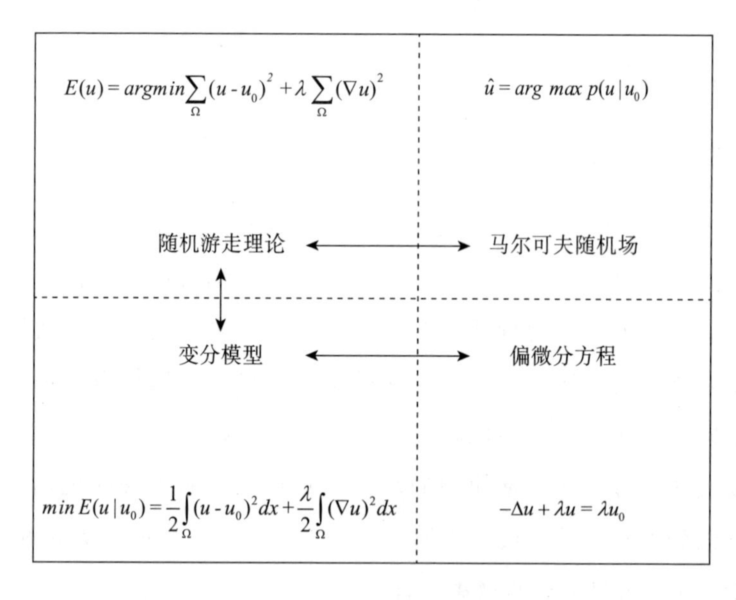

图 2－14　随机游走、马尔可夫、变分模型以及偏微分方程算法相关联性

资料来源：作者根据相关性设计得到。

§2.4　本章小结

本章从雾霾图像的退化现象和成因出发，简单推证雾霾图像退化模型并总结大气光、背景噪声等对雾霾图像的影响；接着，分析随机游走理论基础，阐述其用于图像增强、复原以及分割的经典随机游走能量框架。本书第 3 至第 5 章的研究将以本章内容为理论基础，深入探讨雾霾图像质量提升算法。

第3章 明暗像素先验的随机游走雾霾图像清晰化

§3.1 引言

暗通道先验理论是2009年何恺明等提出的，本章在该理论的基础上提出了明暗像素先验的图像去雾算法（Kaiming He 等，2009）。暗通道先验理论在近些年图像复原的去雾算法中有着标志性的进展，故暗通道先验已成为目前图像去雾文献中常用和改进的理论。研究者针对暗通道先验去雾算法的改进，大多集中于如何优化暗通道先验理论得出介质传输图的粗估计。如张登银等采用边缘替代法更换 Soft - matting，明显改善计算复杂度，提高计算效率（张登银等，2015）；方帅等利用 Laplace 矩阵对分割的介质传输图粗估计进行整理，而后借环路信念传播推断进一步修正介质传输图（方帅等，2010）；何恺明等也提出了引导滤波优化介质传输图并提升了运算速度（何恺明等，2011）；周雨薇等因为何恺明中 Soft - matting 计算效率过低，采用双边滤波获得优化介质传输图，降低计算复杂度（周雨薇等，2014）。以上算法主要是改进暗通道先验得到的介质传输图的粗估计再进行优化的过程或适当调整暗通道先验得到的粗估计。虽然可以提高算法的效率或提高图像质量，但无法从根本上解决暗通道先验理论的本质问题。当雾霾环境中的大气光与天空和白色区域相似时，暗通道先验理论将失效。

此时将不能得到准确的介质传输图的粗估计，故导致去雾效果的可视性变差、大空和白色区域失真。

除上述优化介质传输图粗估计的算法外，近年来还出现了关于暗通道先验理论的改进算法。如陈书贞等提出混合暗通道先验，得到介质传输图的粗估计，去雾图像质量提高，但边缘处理结果不理想。T M 布伊（T M Bui）等将分割理论引进暗通道先验中，构成分割暗通道先验的去雾算法，按逻辑归类处理可去雾图像块效应，然而并未从本质上解决暗通道先验的缺陷（T M Bui，2014）。

本章深层分析暗通道先验理论，在雾霾退化模型的基础上提出一种基于明暗像素先验的图像去雾算法。该算法从雾霾图像退化模型出发，首先利用估计天空区域更加准确的明暗像素先验获取介质传输图粗估计；然后在随机游走模型的框架下，将粗估计的介质传输图作为先验约束随机游走能量模型，进一步优化介质传输图，得到最终的无雾图像。

本章布局如下：首先，阐述基于暗通道先验理论的去雾算法并分析其根本原理，明确该先验存在的问题（§3.2）；其次，介绍基于明暗像素先验的随机游走图像去雾算法框架，并探讨该算法的可行性（§3.3）；再次，从明暗像素先验介质传输图的粗估计和构建随机游走模型的框架优化介质传输图两个步骤完成基于明暗像素先验的随机游走图像去雾过程（§3.4）；最后，实验结果表明该算法在随机游走模型下有效地结合了明暗像素先验的优点，证实了本章算法的有效性（§3.5）。

§3.2　暗通道先验理论的图像去雾算法介绍

§3.2.1　暗通道先验统计规律

暗像素原理是暗通道先验理论的基础。如图 3 - 1 所示，在去掉天空部分的晴天无雾图像中，往往有这样一类像素，其某一颜色通道有最小值且趋于零，这样的像素被称为暗像素。

图 3-1 暗通道先验理论示意图

资料来源：K. He, J. Sun and X. Tang. Single image haze removal using dark channel prior [C]. In Proceedings of IEEE International Conference on Computer vision and pattern recognition, 2009, 1956—1963.

图 3-1 所示，图（a）和图（b）分别是无雾图像以及像素的颜色值在 RGB 通道的最小值图像；图（c）则是图（b）中任意一个 15×15 子块（即图（b）中的方框区域，框内的红点为图（c）的红框像素，该点处在方框区域光强最小趋于零）；图（d）是表示暗通道先验图，在整个图像中移动选取（大小 15×15 像素），将图像的所有子块强度值更换为该强度值。

如图 3-2 所示，何恺明等提出的暗通道先验是经过统计大量晴朗无雾图像时得出的先验信息。图（a）中针对自然图像库的 5000 幅晴朗无雾图像进行统计，需要注明的是此处为裁剪掉天空信息的图像。在直方图中可以得出，在 0—15 范围内的暗通道先验图像像素的概率约占 87%；图（b）

表示对应积累直方图的分布情况，其中暗通道先验图像像素亮度为 0 的占 75%，而像素亮度小于 25 占 90%；图（c）表示实验对象暗通道先验图像的平均亮度直方图，由图可知暗通道先验图像的平均亮度大多为极小值，该结论符合暗通道先验理论，不满足结论的图占极少数。图 3－2 统计结果是暗通道先验理论的坚实基础。图 3－3 遴选了一些自然无雾图像以及其对应的暗通道先验图像用来进一步解释暗通道先验理论，以及对图像中暗物体的来源进行剖析。

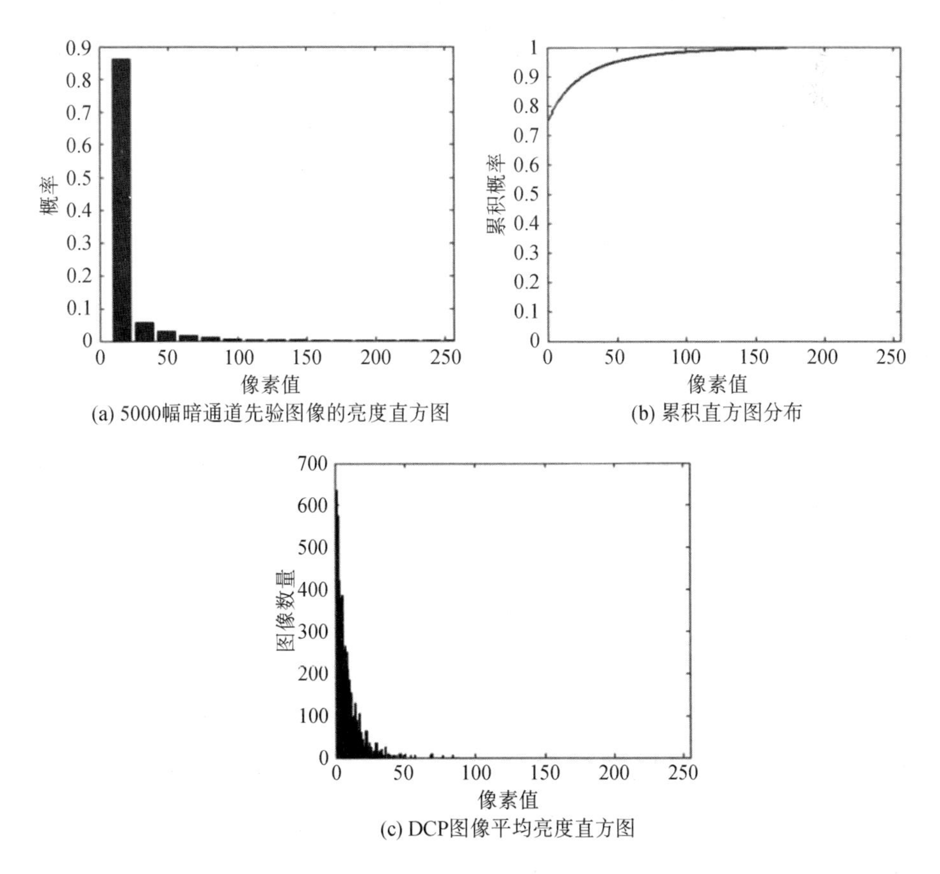

图 3－2　暗通道先验统计数据

资料来源：K. He，J. Sun and X. Tang. Single image haze removal using dark channel prior［C］. In Proceedings of IEEE International Conference on Computer vision and pattern recognition，2009，1956—1963.

(a) 自然无雾图像

(b) 对应的DCP图像

图 3 – 3 无雾图像实例及其暗通道先验图像

资料来源：K. He, J. Sun and X. Tang. Single image haze removal using dark channel prior [C]. In Proceedings of IEEE International Conference on Computer vision and pattern recognition, 2009, 1956—1963.

由图 3 – 3 观察得出，晴朗无雾图像相应的暗通道先验图像均可显现低亮度的特点，由此对暗通道先验理论进行了更深一层的验证；同时在图 3 – 3 中还可以得知，暗通道先验图中低亮度出自其物体阴影、颜色饱满的物体还有阴暗的物体，不难发现晴朗无雾图像中普遍存在阴影部分和颜色饱满部分的区域，更能够证明在自然场景中存在暗通道先验理论的可能性。

§3.2.2 暗通道先验的图像去雾算法

受到雾霾图像退化的影响，相对于晴朗无雾图像，雾霾图像的暗通道先验图像具有介质传输图值较小，该处亮度更大的特性，故雾霾图像的暗通道先验图像在雾霾浓度越高的区域，其对应像素的亮度值也就越高。从图 3 – 4 亦可看出，暗通道先验图像的亮度就是该处雾霾浓度的粗估计，因雾霾图像对应的暗通道先验图像有此特点，则可用该统计先验得出无雾图像。下图即为雾霾图像及暗通道先验图像。

图 3-4　雾霾图像及暗通道先验图像

资料来源：K. He, J. Sun and X. Tang. Single image haze removal using dark channel prior [C]. In Proceedings of IEEE International Conference on Computer vision and pattern recognition, 2009, 1956—1963.

对于一幅图像 J，其任一像素点处的暗通道先验图像的值：

$$J_{dark}(x,y) = \min_{c\in(r,g,b)}\left[\min_{y\in\Omega(x)} J^C(x,y)\right] \tag{3.1}$$

式中，$J^C(x,y)$表示图像中的某 RGB 颜色通道，$c\in\{R,G,B\}$；W 是图像的局部块，这里取中心点(x,y)点为的正方形块。暗通道先验理论指出，除天空区域，若 $J(x,y)$表示晴天无雾图像时，$J_{dark}(x,y)\approx 0$；而当 $J(x,y)$表示雾霾图像时，会随着雾气浓度的增加而持续增大。此暗通道先验图像的物理意义利用局域最小值滤波，去除可能会干预大气光 A 准确性的白色景物，故使 A 能被准确估计。求解雾霾图像退化模型，将式（3.1）代入式（2.20）得：

$$I_{dark}(x,y) = [J(x,y)t(x,y)]_{dark} + \{A[1-t(x,y)]\}_{dark} \tag{3.2}$$

具对于建立雾霾图像退化模型的剖析可知，雾霾图像局部区域里介质传输图 $t(x,y)$以及大气光 A 为定值，式（3.2）可化为：

$$I_{dark}(x,y) = J_{dark}(x,y)t(x,y) + A[1-t(x,y)] \tag{3.3}$$

式中，$I(x,y)$为采集到的雾霾图像，此时 $I_{dark}(x,y)$的取值不等于 0；$J(x,y)$表示原本的无雾图像，故 $J_{dark}(x,y)$的取值等于 0。带入上式可得：

$$\begin{cases} I_{dark}(x,y) = A[1-t(x,y)] \\ t(x,y) = 1 - \dfrac{I_{dark}(x,y)}{A} \end{cases} \tag{3.4}$$

经过上述推导变型后，对雾霾图像退化模型的求解由病态方程转变为可求解的方程问题。这里将基于暗通道先验图像去雾的求解问题总结成为下述这两个重要环节：

(1) 求解大气光 A

单幅图像去雾算法中，大气光往往将其认为全局平滑的特征，则是由图像内关联像素算出的；但据前文对于预计大气光对去雾图像的影响的分析可知，获取大气光的精准性与否将会影响去雾图像的对比度以及整体图像的明度等，然而在初期的图像去雾算法中并未足够认识到大气光带来的影响。譬如史莱克纳亚尔（Shree K Nayar，1999）利用对雾霾图像的天空部分分割成块后，得到的平均取值来获取大气光，该法针对含有天空区域的估值较准确。罗比·T·谭（Robby T Tan）规定将图像像素点中最明亮的值看作 A 的值，然而在真实的图像里最明亮那个像素点通常是图像中有高亮点或白色的景物。这样取的大气光值则不能表示完整图像中大气光 A 的状态。算法中使用暗通道先验理论估计大气光 A，如图 3－5 所示。

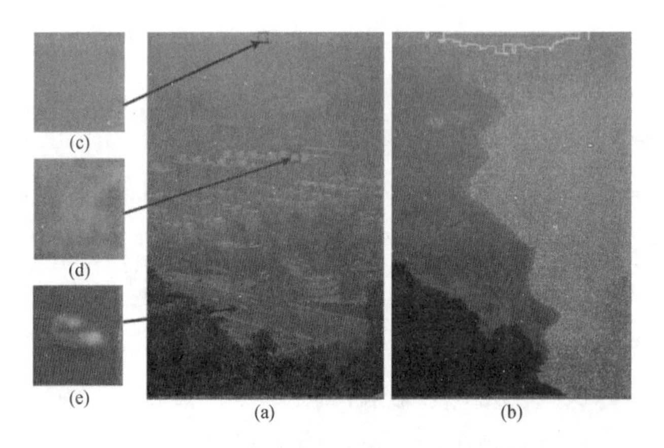

图 3－5　大气光估计过程图。图 3－5（a）雾霾图像；图 3－5（b）暗通道先验图像；图 3－5（c）何恺明等人获取的大气光存在的区域，图 3－5（d）和图 3－5（e）最亮像素点比大气光亮的区域

资料来源：K. He，J. Sun and X. Tang. Single image haze removal using dark channel prior［C］. In Proceedings of IEEE International Conference on Computer vision and pattern recognition，2009，1956—1963.

首先在暗通道先验图像中，将各点的亮度呈递减趋势排布，得到图中亮度值排列前 0.1% 点（即图 3－5（b）黄框部分），而后在雾霾图像里找到黄框区域，最终将雾霾图像中相对应的部分找到最大值像素点，则为大气光 A；相比于（a）中，很明显最亮像素点不是红框区域，故罗比·T·谭（Robby T Tan）的算法不如何恺明算法中利用暗通道先验提出的求 A 的算法更贴近实际且具有鲁棒性。

（2）介质传输图 $t(x,y)$ 的估计

将大气光 A 的值带入式（3.4）中可得介质传输图 $t(x,y)$ 的粗估计值，如果将该估计值直接带入到雾霾图像退化模型中进行求解，能够实现去雾效果但同时去雾结果存在一定的块效应问题。块效应的出现是因为介质传输图的粗估计在局部保持不变，在图像的边缘处场景深度发生变化，从而造成边缘处出现的失真。何恺明算法还有一个创新点是提出了优化介质传输图的粗估计的算法：利用阿纳特·莱文（Anat Levin，2006）等的 Soft－matting 和雾霾图像退化模型表达式非常相似的特性，得到使边缘平滑自然的优化介质传输图，如图 3－6 所示。

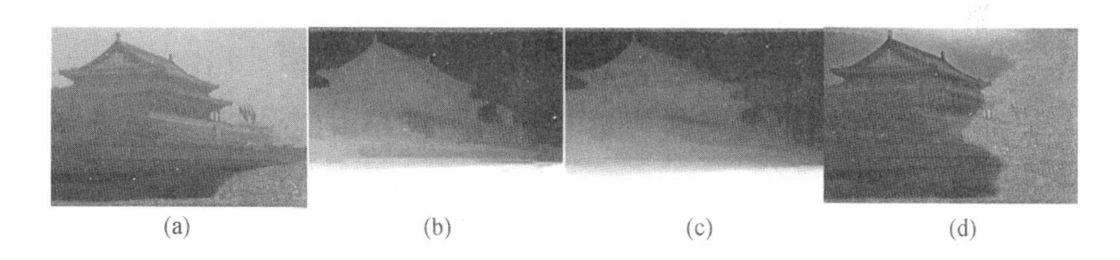

(a) (b) (c) (d)

图 3－6 介质传输图优化示意图：（a）雾霾图像，（b）介质传输图粗估计，（c）优化介质传输图，（d）得到的去雾图像

资料来源：K. He，J. Sun and X. Tang. Single image haze removal using dark channel prior [C]. In Proceedings of IEEE International Conference on Computer vision and pattern recognition，2009，1956—1963.

在图 3－6 中，图（a）是雾霾图像；图（b）是使用 15×15 的分块的暗通道先验图像得到介质传输图的粗估计，不难发现图（b）中有许多的块效应的结构，难以辨识出图像本身的边缘结构；图（c）则运用 Soft－matting 算法优化图（b），由图可知具备良好的边缘保持结构；图（d）是

利用优化介质传输图获取的去雾图像，该结果相对于介质传输图粗估计，更好地实现了去雾图像的边缘细节结构，同时消除了部分块效应。

§3.2.3 基于暗通道先验图像去雾的不足

通过上述分析，可知暗通道先验中存在两个明显问题：①由于天空和大片白色区域的不存在暗像素，根据暗通道先验估计的介质传输图也会出现偏差，去雾结果在天空和大片白色区域出现严重的颜色失真；②在上述的暗通道先验模型中，需要先分别对三颜色通道进行一次邻域最小值运算，再对三幅的最小值图像进行像素点的最小值运算，大大降低了运算速度。因此，在兼顾考虑天空和大片白色区域图像暗通道先验失效的同时加快获取先验的运算速度。

§3.3 基于明暗像素先验的随机游走图像去雾算法框架

§3.3.1 算法可行性分析

为了解决基于暗通道先验理论的图像去雾算法的问题，提出了一种基于明暗像素先验的随机游走图像去雾算法。本算从雾霾图像模型出发，首先利用估计天空区域更加准确的明暗像素先验获取介质传输图粗估计，然后在随机游走模型的框架下，将粗估计的介质传输图作为先验约束传统随机游走能量模型，进一步优化介质传输图，得到最终的无雾图像。在图 3－7 中可得，该算法框架包括以下步骤：在暗通道先验的基础上提出明暗像素先验，并由该先验获取介质传输图的粗估计，接下来利用随机游走模型优化介质传输图的粗估计，最终得到去雾图像。

§3.3.2 算法框架（如图3-7所示）

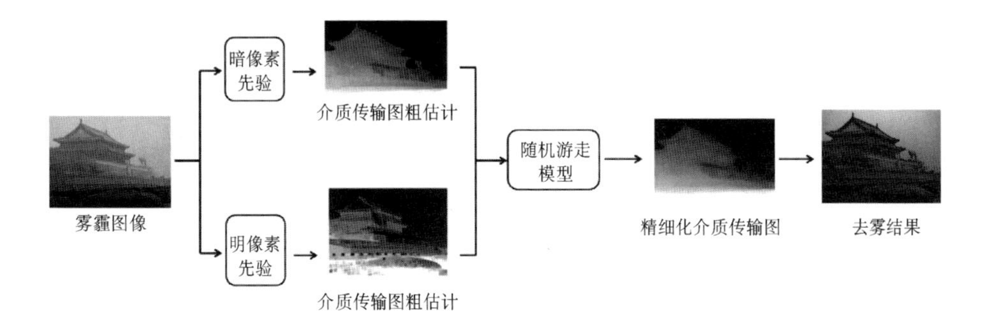

图3-7 基于明暗像素先验的随机游走图像去雾算法框架

资料来源：曲晨，毕笃彦，严盛文，何林远. 基于明暗像素先验的随机游走图像去雾［J］. 系统工程与电子技术，2017，39（10）：2368—2375.

§3.4 基于明暗像素先验的随机游走图像去雾算法

§3.4.1 基于明暗像素先验的介质传输图粗估计

在暗通道先验理论中，暗像素的有效性不包括天空和白色区域。其根本原因是邻域内三个通道的最小值仍然比较大，不接近于0。相反地，在天空和白色区域内的一些像素点，至少在一个颜色通道内存在像素值接近于1，我们把这种像素点定义为明像素点。为便于后文的描述，称满足在颜色通道和邻域内的最小值接近于零的先验为暗像素先验，满足天空和白色区域的颜色通道和邻域内的最大值接近于1的先验为明像素先验，这两个先验统称为明暗像素先验。

设函数 $\phi_{min}^{c}(x)$ 和 $\phi_{max}^{c}(x)$ 分别为各颜色通道中最小值和最大值。相应地定义 $J_{min}(x)$、$J_{max}(x)$、$I_{min}(x)$ 和 $I_{max}(x)$ 为：

$$J_{min}(x)=\phi^{c}_{min}[J(x)]=min\{J_r(x),J_g(x),J_b(x)\} \tag{3.5}$$

$$J_{max}(x)=\phi^{c}_{max}[J(x)]=max\{J_r(x),J_g(x),J_b(x)\} \tag{3.6}$$

$$I_{min}(x)=\phi^{c}_{min}[I(x)]=min\{I_r(x),I_g(x),I_b(x)\} \tag{3.7}$$

$$I_{max}(x)=\phi^{c}_{max}[I(x)]=max\{I_r(x),I_g(x),I_b(x)\} \tag{3.8}$$

代入雾霾图像模型（2.20）中，得到最小和最大颜色通道存在关系如下：

$$I_{min}(x)=J_{min}(x)t_0(x)+A[1-t_0(x)] \tag{3.9}$$

$$I_{max}(x)=J_{max}(x)t_1(x)+A[1-t_1(x)] \tag{3.10}$$

设 $\psi_{max}(\cdot)$ 和 $\psi_{min}(\cdot)$ 为 $\Omega(x)$ 邻域内的最大和最小值操作。则可定义明暗像素先验求解过程为：

$$\tilde{J}_{dark}(x)=\psi_{\substack{min\\15\times15}}[J_{min}(x)] \tag{3.11}$$

$$\tilde{J}_{light}(x)=\psi_{\substack{max\\15\times15}}[J_{max}(x)] \tag{3.12}$$

1. 明暗像素先验和暗通道先验的对比

在§3.3.2 中暗通道先验的求解为：

$$J_{dark}(x)=\phi^{c}_{min}\{\psi_{\substack{min\\15\times15}}[J(x)]\} \tag{3.13}$$

暗通道 J_{dark}（x）的获取需要三次邻域最小操作 $\psi_{min}(\cdot)$ 和一次颜色通道最小操作 $\phi^{c}_{min}(x)$。而明暗像素先验 $\tilde{J}_{light}(x)$ 和 $\tilde{J}_{dark}(x)$ 的求取只需要一次邻域顺序操作 ψ_{min}（·）和 $\psi_{max}(\cdot)$ 以及一次颜色通道顺序操作 $\phi^{c}_{min}(x)$ 和 $\phi^{c}_{max}(x)$。很明显，本章提出的先验比暗通道先验的计算速度会明显高于 J_{dark}（x）。

在图 3－8 中，（a）为包含天空和白色区域的有雾图像，（b）、（c）和（d）分别为基于暗通道先验、暗像素先验和明像素先验获取的介质传输图的粗估计。对比（b）和（c）发现：基于暗像素先验和暗通道先验效果是一致的。相对（c）和（d）发现：（d）在场景的天空区域更准确的估计，但（c）在近景和薄雾的区域具有更准确的估计。

图 3-8　对比三种介质传输图粗估计。(a) 含天空和白色区域的雾霾图像，(b) 暗通道介质传输图粗估计，(c) 暗像素介质传输图粗估计，(d) 明像素介质传输图粗估计

资料来源：曲晨，毕笃彦，严盛文，何林远．基于明暗像素先验的随机游走图像去雾［J］．系统工程与电子技术，2017，39（10）：2368—2375.

基于明暗像素先验的介质传输图粗估计 $\tilde{t}_0(x)$ 和 $\tilde{t}_1(x)$ 能大致反映场景的景深变化，但在图像边缘存在突变和平坦区不平滑的现象，容易造成去雾结果的局部块效应。利用两种先验在场景中不同区域的优势，获取真实的介质传输图同时消除局部块效应。

2. 介质传输图粗估计

根据明暗像素先验，将 $\tilde{J}_{dark}(x)\approx 0$ 和 $\tilde{J}_{light}(x)\approx 1$ 代入式（3.11）和式（3.12）中则可以初步估计 $t_0(x)$ 和 $t_1(x)$。同时在实际情况中，晴朗天气时也会因空气中存在一些杂质微粒对光产生散射作用，使得在远处物体存在有雾感。则需要增加调整系数 $\omega(0<\omega<1)$ 保持去雾后图像的真实感，可以得到对应的介质传输图的粗估计：

$$\tilde{t}_0(x)=1-\omega\cdot\frac{\psi_{\underset{15\times 15}{min}}\left[I_{min}(x)\right]}{A} \tag{3.14}$$

$$\tilde{t}_1(x)=1-\omega\cdot\frac{1-\psi_{\substack{max\\15\times15}}[I_{max}(x)]}{1-A} \tag{3.15}$$

其中 ω 值与何恺明算法同为 0.95。A 值的选取与何恺明算法的方式一致。

§3.4.2 基于随机游走模型的去雾算法

针对图像不同的空域信息，随机游走能量模型采用不同的表达方式，力争取得兼顾全局和局部的结构约束效果。借助随机游走能量模型建立户外图像去雾的介质传输图的能量最优化模型，达到优化介质传输图的目的。

1. 随机游走模型

随机游走算法应用于处理图像时，把图像定义为由一些的顶点和边组成的无向图。在实数范畴中给每条边定义一个权值进而表示随机游走者通过这条边概率的可能性，若两点间不相邻，此时两点间权值为零，表示随机游走者不会经过。首先将图像定义为含有顶点、边和权重构成的离散集合 $G=(V,E,W)$，其中 V 表示图像中每个像素点都对应着的顶点 v_i 的集合，E 表示同时连接顶点 v_i 和 v_i 边的集合，W 是用 w_{ij}表示每条边的权重，体现了相邻像素之间的差异度和相似度。

$$w_{ij}=exp(-\alpha(I_i-I_j)^2) \tag{3.16}$$

式中 I_i 表示顶点 v_i 的灰度值；I_j 表示与顶点 v_i 相邻的顶点 v_j 的灰度值；α 为自由参数。若邻域像素间的特征差别不大时，此时得到 w_{ij}较大，说明此时沿这条边游走的概率可能性大，相反情况可得到，当 w_{ij}较小，沿该边游走的概率可能性变小。

2. 优化介质传输图

随机游走模型的目标能量函数把初始点的灰度信息作为该函数的先验模型，约束随机游走的能量模型。如式（3.17）所示，随机游走算法应用高斯函数定义节点相似性权函数，其随机游走项能量函数表示如下：

$$E_{Random}(t) = \frac{1}{2} t^T \cdot L \cdot t \tag{3.17}$$

L 表示一个联合的拉普拉斯矩阵，其定义为：

$$L_{v_i, v_j} = \begin{cases} d_{v_i} & i = j \\ -w_{i,j} & v_i \text{ 和 } v_j \text{ 是邻近像素点} \\ 0, & \text{其他} \end{cases} \tag{3.18}$$

L_{v_i, v_j} 表示节点 v_i 和 v_j 的关系，为对称正定矩阵。式中，d_i 代表顶点 v_i 的度，规定为与顶点 v_i 邻域全部顶点的权重求和。通过求解离散狄利克雷积分获得，其定义如下式所示：

$$E_{Random}(t) = \frac{1}{2} \sum w_{i,j} \cdot (t_i - t_j)^2 \tag{3.19}$$

同时将基于明暗像素先验获取的介质传输图粗估计 $\tilde{t}_0(x)$ 和 $\tilde{t}_1(x)$ 当作初始点，构建约束随机游走能量的先验模型，其能量模型定义如下：

$$E_{prior}(t) = \lambda \| t - \tilde{t}_0 \|^2 + \beta \| t - \tilde{t}_1 \|^2 \tag{3.20}$$

式中，正则化参数 λ 和 β 分别表示两个初始点对最终结果的影响程度（分别取 0.5 和 0.75）。因此，结合式（3.19）和式（3.20）得到如下式所示关于介质传输图的能量模型：

$$E_{Total}(t) = E_{Random}(t) + E_{prior}(t) \tag{3.21}$$

其中，第一项的随机游走项能量刻画了游走过程中某一像素点向局部内相邻像素点游走的可能性，第二项的先验项能量约束了全局游走过程中的方向，即粗估计介质传输图 $\tilde{t}_0(x)$ 和 $\tilde{t}_1(x)$ 为其游走的上下限。此时，最小化（3.21）的能量得到雾霾图像中最终优化的介质传输图 $t(x)$。

最后，将大气光 A 和优化的介质传输图 $t(x)$ 代入（2.20）中，则可获取基于物理模型的去雾图像：

$$J(x) = \frac{I(x) - A}{t(x)} + A \tag{3.22}$$

为展示本章算法相对何恺明的优越性，选取了具有大片天空区域的雾霾图像的图 3－8（a）作为测试图像。图 3－9（a）为何恺明[5]优化的介质传输图，图 3 -9（b）为何恺明的去雾效果，去雾效果的天空区域存在明显的光晕和颜色失真。图 3 -9（c）为随机游走能量模型优化基于明暗像素先验的粗估计的介质传输图，优化后的介质传输图局部平滑且保持原始场景的边缘特性。图 3 -9（d）为本节算法的去雾效果，天空区域保持了原始场景的真实性和颜色的自然性。

图 3 -9 优化暗通道和明暗像素先验介质传输图及去雾效果对比。（a）暗通道优化介质传输图，（b）暗通道去雾结果，（c）本节优化介质传输图，（d）本节去雾结果

资料来源：曲晨，毕笃彦，严盛文，何林远．基于明暗像素先验的随机游走图像去雾［J］．系统工程与电子技术，2017，39（10）：2368—2375.

§3.5 实验结果分析

在本节中将定性以及定量的测试本章算法的性能，对比测试对象选取以经典算法且与本节相关的去雾算法为例，如将何恺明暗通道去雾算法，拉南·法塔尔（Raanan Fattal）马尔可夫去雾模型算法进行比较。包含本章算法在内，上述算法均属于基于雾霾图像退化物理模型的图像复原去雾算法。根据对比方面的不同，选出三组测试图像进行对比，并使用客观指标评价去雾结果的图像质量。

§3.5.1　参数选取

在对比之前，实验环境和参数选取的具体情况如下：所有算法均在 3.5GHz 主频、4GBRAM 的计算机上搭建的 Matlab R2014a 测试环境下进行仿真。

根据实验结果可知，调节正则化参数 λ 和 β，在图 3－10（a）中当 λ 和 β 足够大时，此时的介质传输图为明像素和暗像素的传输图的平均结合图，并且此图较粗糙；当 β 足够大，而 λ 较小时，则说明此时的介质传输图主要选取明像素介质传输图如图 3－10（b）所示；与此相反当 λ 足够大，而 β 较小时，则说明此时的介质传输图主要选取暗像素介质传输图如图 3－10（c）所示；图 3－10（d）中为本书取值得的介质传输图。

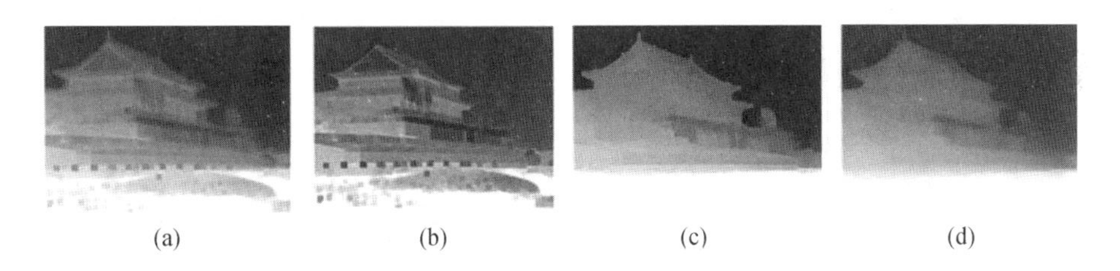

(a)　(b)　(c)　(d)

图 3－10　正则化参数 λ 和 β 的不同取值时的优化介质传输图（a）$\lambda=100$　$\beta=10$，（b）$\lambda=0.1$　$\beta=100$，（c）$\lambda=100$　$\beta=0.1$，（d）$\lambda=0.5$　$\beta=0.75$

资料来源：曲晨，毕笃彦，严盛文，何林远．基于明暗像素先验的随机游走图像去雾［J］．系统工程与电子技术，2017，39（10）：2368—2375.

§3.5.2　定性分析

首先，选取“城堡”和“立交桥”两组雾霾图像用于对比测试本节算法与何恺明算法性能差异。“城堡”和“立交桥”属于含有大面积天空区域的图像，如图3－11（b）中，何恺明算法在处理这2组雾霾图像的效果，与雾霾图像相比视觉质量有所提高，然而该结果却在大面积天空区域失效，产生块效应，且局部细节丢失。如图3－12（b），其中白框区域出现明显块效应，红色区域内细节特征不清楚。本节算法使用明暗像素先验进行介质传输图的粗估计很好地避免了何恺明的算法中使用暗通道先验导致天空区域失效的问题，且增加了先验处理速度。此外本节算法在优化介质传输图时使用随机游走模型，使去雾结果的细节保持能力增加的同时进一步提高了运算速度，正如图3－11（c）和3－12（c）所示，本节算法的处理结果能够保持去雾图像细腻的纹理以及明亮的色彩。

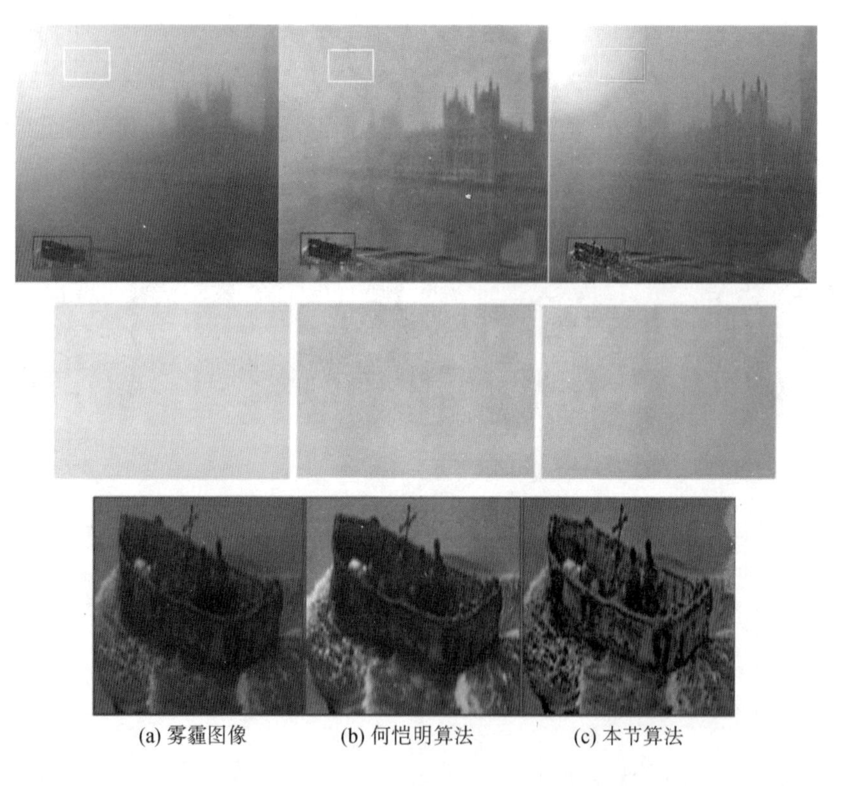

(a) 雾霾图像　(b) 何恺明算法　(c) 本节算法

图3－11　“城堡”不同算法实验结果及对应颜色框图的放大图

资料来源：曲晨，毕笃彦，严盛文，何林远．基于明暗像素先验的随机游走图像去雾［J］．系统工程与电子技术，2017，39（10）：2368—2375.

(a) 雾霾图像　　(b) 何恺明算法　　(c) 本节算法

图 3－12　“立交桥”不同算法实验结果及对应颜色框图的放大图

资料来源：曲晨，毕笃彦，严盛文，何林远．基于明暗像素先验的随机游走图像去雾［J］．系统工程与电子技术，2017，39（10）：2368—2375.

图 3－13 和图 3－14 呈现拉南·法塔尔（Raanan Fattal）与本节算法在“海岸”和“高楼”雾霾图上进行图像性能对比，（b）为拉南·法塔尔（Raanan Fattal）处理结果，（c）为本节算法的结果。不难看出本节算法相比于拉南·法塔尔（Raanan Fattal）的处理结果色彩更加明亮自然，细节更加丰富，整体效果更符合人眼视觉的要求。（b）为（a）中红框的放大图，表现出本节算法的细节更丰富，色彩失真较不明显，效果更自然。其原因为拉南·法塔尔（Raanan Fattal）算法假定物体反射率和介质传输图之间局部不相关的特性，使用独立成分分析估量场景深度，后利用马尔可夫模型得到去雾图像，这样容易出现色彩失真的问题。而本节法使用明暗像素先验得到介质传输图得粗估计，在优化介质传输图的粗估计时使用随机游走模型，使得整体色彩更自然，细节纹理更丰富。

(a) 雾霾图像　(b) 拉南·法塔尔（Raanan Fattal）算法　(c)本节算法

图 3-13　“海岸”不同算法实验结果及对应颜色框图的放大图

资料来源：曲晨，毕笃彦，严盛文，何林远．基于明暗像素先验的随机游走图像去雾［J］．系统工程与电子技术，2017，39（10）：2368—2375.

(a) 雾霾图像　(b) 拉南·法塔尔（Raanan Fattal）算法　(c) 本节算法

图 3-14　“高楼”不同算法实验结果及对应颜色框图的放大图

资料来源：曲晨，毕笃彦，严盛文，何林远．基于明暗像素先验的随机游走图像去雾［J］．系统工程与电子技术，2017，39（10）：2368—2375.

模拟库去雾效果如图3－15、图3－16和图3－17所示。第一行从左至右为加雾模拟图、清晰模拟图。第二行从左至右为拉南·法塔尔（Raanan Fattal）算法、何恺明算法以及本节算法。

图3－15　模拟库去雾效果对比图

资料来源：曲晨，毕笃彦，严盛文，何林远．基于明暗像素先验的随机游走图像去雾［J］．系统工程与电子技术，2017，39（10）：2368—2375.

图3－16　模拟库去雾效果对比图

资料来源：曲晨，毕笃彦，严盛文，何林远．基于明暗像素先验的随机游走图像去雾［J］．系统工程与电子技术，2017，39（10）：2368—2375.

图 3 – 17　模拟库去雾效果对比图

资料来源：曲晨，毕笃彦，严盛文，何林远．基于明暗像素先验的随机游走图像去雾［J］．系统工程与电子技术，2017，39（10）：2368—2375.

§3.5.3　定量分析

依照基于可见边缘的评价方法，边梯度评价可得对照表 3 – 1。均方误差（Mean Squared Error，MSE）是用来衡量真实原图和去雾后两幅图像的相似程度，得到的均方值越小，则表示真实原图和处理后两幅图像越接近，去雾效果则越好对比结果如图 3 – 18 所示。结构相似性（Structural Similarity，SSIM）是用来评价处理后图像结构信息的准确性，SSIM 的数值越大表示去雾后图像与真实图像结构相似程度越高，如图 3 – 19 所示。由对比结果可知，拉南·法塔尔（Raanan Fattal）的评价指标整体偏低，何恺明的评价指标好于拉南·法塔尔（Raanan Fattal），本节算法的评价指标在这三种里为最好，可见本节算法得去雾效果好。

表 3 – 1　　图 3 – 15 ~ 图 3 – 17 基于可见边梯度的评价结果

图像	算法 \ 评价指标	e	$\bar{r}$	s
图 3 – 15	He	1.3	1.5	0.3
	Fattal	1.1	1.3	0.5
	本节	1.5	1.7	0.1

续表

图像	算法\评价指标	e	$\bar{r}$	s
图3-16	He	1.3	1.1	0.7
	Fattal	1.0	1.5	0.8
	本节	1.7	1.9	0.2
图3-17	He	1.5	2.1	0.5
	Fattal	1.3	1.6	0.7
	本节	1.8	1.9	0.2

资料来源：曲晨，毕笃彦，严盛文，何林远．基于明暗像素先验的随机游走图像去雾［J］．系统工程与电子技术，2017，39（10）：2368—2375.

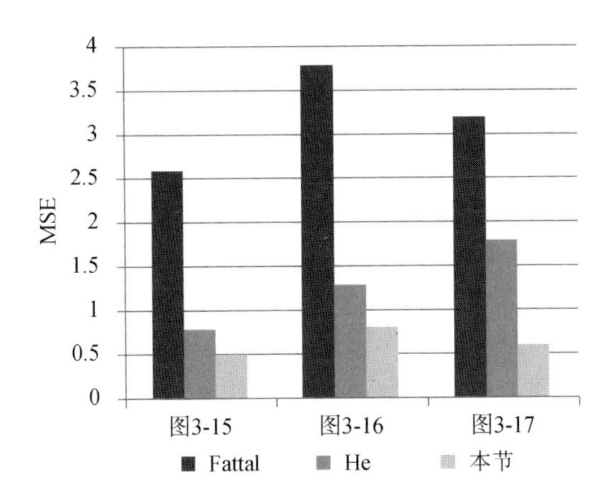

图3-18　三组模拟库去雾效果MSE对比图

资料来源：曲晨，毕笃彦，严盛文，何林远．基于明暗像素先验的随机游走图像去雾［J］．系统工程与电子技术，2017，39（10）：2368—2375.

§3.5.4　计算时间对比

本节算法使Intel（R）Core（TM）i3-4150CPU@ 3.50GHz 3.41GB内存的处理器。表3-2统计各算法处理不同分辨率图像的耗时量，不难发现何恺明的耗时量最高，其次是拉南·法塔尔（Raanan Fattal）的算法，本节算法耗时最少。其原因是本节算法避免了何恺明算法中复杂度较高的软

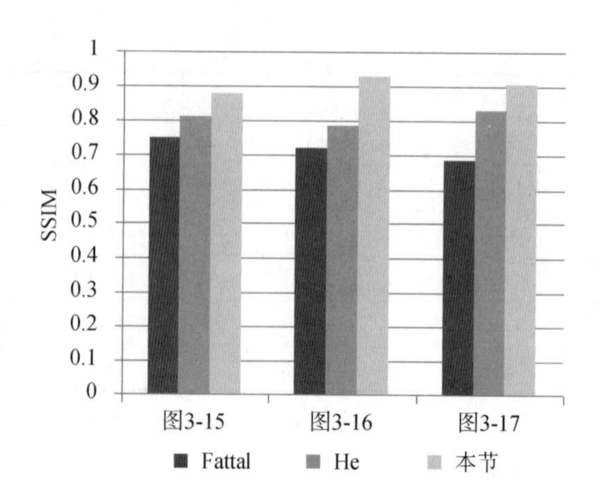

图 3－19　三组模拟库去雾效果 SSIM 对比图

资料来源：曲晨，毕笃彦，严盛文，何林远．基于明暗像素先验的随机游走图像去雾［J］．系统工程与电子技术，2017，39（10）：2368—2375.

抠图算子，本节算法在先验阶段改进暗通道算法将其快速计算并使用随机游走的能量框架，不需要对全部随机游走过程进行模拟，仅针对一个稀疏对称线性方程组进行求解，故计算速度较快。

表 3－2　　算法处理时间统计（S）

图	分辨率	Fattal[4]	He[5]	本节
3.15	600×400	12.496	26.228	8.325
3.16	786×576	21.241	38.936	12.561
3.17	1024×768	36.436	58.896	21.564

资料来源：曲晨，毕笃彦，严盛文，何林远．基于明暗像素先验的随机游走图像去雾［J］．系统工程与电子技术，2017，39（10）：2368—2375.

§3.6　本章小结

针对暗通道先验在含有大面积天空和白色区域雾霾图像估计失效的问题，本章提出了明暗像素先验并得到介质传输图粗估计，然后借助基于先验约束的随机游走能量框架优化求解介质传输图的粗估计，最后估计出天空区域精准的介质传输图。本章算法快速恢复场景反照率，提高计算效率，获得了更加准确的介质传输图。实验表明，该算法能在恢复图像细节的同时表现出较好的主观视觉效果，且基本达到实时去雾要求，证明本算法的可行性和实时性，并且对于含有大面积天空区域以及普通的雾霾图像都具有一定的鲁棒性。但本章算法在复杂大气环境条件下的大景深雾霾图像，去雾效果不能得到较理想的结果。因此，下一章将针对复杂大气环境条件下的大景深雾霾图像去雾开展研究。

第4章 联合先验条件下随机游走雾霾图像清晰化

§4.1 引言

目前大多数图像去雾复原算法都基于雾霾图像退化模型提出的。它们的创新点可大致归纳为：提出新的先验、优化求解算法和改进物理模型。何恺明等针对暗通道先验去雾中 Soft - matting 的大型矩阵影响处理速度的问题，提出了引导滤波去雾法，大幅提高了滤波过程的效率（Anat Levin 等，2006）；吉布森（Gibson）等首先针对暗通道先验的基础上提出了椭圆先验，在更广义的范畴上总结了雾霾退化的先验（Kristofor B Gibson 等，2011）。

本章深入探索单一先验和联合先验对雾霾图像清晰化的影响。在马尔可夫随机场上，提出了介质传输图与大气光同样满足邻域相似性的先验（Laurent Caraffa 等，2013）。首先，在马尔可夫随机场的基础上提出了邻域相似性马尔可夫随机场（Local consistent markov random fields，LC - MRF）；其次，构建了该随机场的能量框架并证明了介质传输图与大气光同样满足邻域相似性（Richard Szeliski 等，2006）；最后，估计邻域相似性马尔可夫随机场所需的初始值，获取最终的去雾图像。实验证明该算法在远景的天空区域以及图像细节的复原方面表现不错，但是当出现雾霾图像本身含有弱边缘以及在远景处边缘信息丢失过于严重的情况下，邻域相似性马尔可夫随机场算法表现不佳的问题。

针对上述问题进行了两方面的改进，一方面是基于随机游走的框架处理去雾问题，另一方面是提出了包含饱和度先验和颜色衰减先验的联合先验。随机游走模型针对弱边缘和局部丢失的边缘信息具有较强的复原能力。另外针对雾霾天气的复杂性，使用单一先验估计雾霾图像的特征有一定的局限性（J. M. Hanmmersley 等，1971）。因此，本章提出了基于联合先验和随机游走模型的大景深雾霾图像恢复算法。首先，在饱和度模型的基础上提出饱和度先验，并以颜色衰减先验获取的介质传输图约束调整天空区域和大景深区域；其次，利用随机游走模型精确求解介质传输图的粗估计；最后，根据雾霾图像退化模型恢复最终的清晰图像。实验证明，该算法能满足远景和近景皆不失真，并能恢复出更多细节和色彩信息。

本章布局如下：首先介绍基于邻域相似性马尔可夫随机场图像去雾算法，引入并推导了雾霾图像退化模型，提出邻域相似性马尔可夫随机场以获取最终的去雾图像（§4.2）；其次，根据随机游走模型相对马尔可夫模型在处理弱边缘和纹理丢失具有更强的恢复能力，同时针对远近景不同需求的联合先验，提出基于联合先验的随机游走模型去雾算法（§4.3）。

§4.2　基于邻域相似性马尔可夫随机场雾霾图像复原算法

§4.2.1　雾霾图像退化模型

雾霾图像退化模型如下：

$$I(x)=J(x)t(x)+A(x)[1-t(x)] \tag{4.1}$$

经推导可得：

$$J(x)=\frac{1}{t(x)}[I(x)-A(x)]+A(x) \tag{4.2}$$

其中，在雾霾图像退化模型中，$0 < t(x) \leqslant 1$。定义 $a_x = \frac{1}{t(x)}$ 且 $c_x = A(x)$，故重写雾霾图像退化模型为：

$$J(x) = a_x[I(x) - c_x] + c_x \tag{4.3}$$

§4.2.2 邻域相似性马尔可夫随机场

马尔可夫随机场（Markov random fields，MRF）模型适用在未知量同其邻域约束的概率图中，随机场模型表达邻域间点彼此影响的数学关系，在邻域空间中的刻画存在一定的优势。定义一阶马尔可夫模型的能量表达式为：

$$E(x) = \sum_{m \in v} \phi_m(x_m) + \sum_{(m,n \in \varepsilon)} \psi_{m,n}(x_m, x_n) \tag{4.4}$$

其中，v 表示整幅图像像素的集合，m、n 表示所有邻域内像素点，邻域内像素点的集合为 ε，邻域集合通常选择4邻域。随机变量 x_m 表示图像像素点 m 的取值。一阶项 ϕ_m 被定义为分配到像素 m 的一个标签价值函数。它可以有复杂计算的潜在功能，如颜色、纹理、位置和形状等。二阶项 $\psi_{m,n}$ 被看作一个平滑项，通常被定义为基于相邻像素之间差异的边缘特征。在马尔可夫随机场模型中使用二阶项使它更有利于边缘结构的平滑。而在实际图像复原中往往会因为二阶项的过渡平滑，使图像丢失部分细节纹理。另外，这些利用图像小邻域块中先验的统计量进行建模的二阶项很难推广到整个图像的先验（Y. W. Teh 等，2003）。这限制了一阶马尔可夫随机场的能量表达式在机器视觉的应用。

为了解决过于光滑的问题，并使其用于对整幅图像的统计进行建模提出了高阶的算法（J. Besag，1986）。与一阶的马尔可夫随机场模型不同，高阶马尔可夫随机场模型的势团通过在像素的集合或区域上定义的高阶术语来扩展（A. Srivastava，2003）。这个高阶马尔可夫随机场模型的能量表达式可以写成：

$$E(x) = \sum_{m \in \nu} \phi_m(x_m) + \sum_{(m,n \in \varepsilon)} \psi_{m,n}(x_m, x_n) + \sum_{c \in S} \varphi_c(x_c) \tag{4.5}$$

其中，S 表示在超像素上定义的一组图像区域，并且 φ_c 是在超像素上定义的高阶项。上述框架是非常灵活的，可用于提取恢复图像的更多细节（J. Portilla，2003）。但是，用于能量最优化算法的复杂度会随着势团的增大而线性增加。这阻碍了在图像处理中高阶马尔可夫随机场模型的广泛应用。

1. 邻域相似性马尔可夫随机场定义

成像设备采集到的雾霾图像通常来自于自然场景。因此，场景深度的变化通常是渐进的，正确的深度值通常满足局部平滑特征，而在深度不连续性的像素处例外，其数量相对较小。同时，在邻域像素块内，相同颜色具有相同的场景深度变化。这个先验使本节中能够使用图像颜色特征来找到关于场景深度信息的邻域相似块。如图 4－1，本节基于邻域相似块来定义邻域相似性马尔可夫随机场模型。

不同于以上两种较传统的马尔可夫随机场模型定义由邻域像素点或超像素之间的关系，本节设计了获取相邻像素结构和邻域相似色块之间的相关性势团的邻域相似范围。为了使用邻域相似性马尔可夫随机场进行图像去雾，这里首先要针对邻域相似块进行定义。颜色矩是颜色特征中的一种简单有效的表现。因此，本章使用二阶色彩矩来估计不同像素块的相似度。

在邻域相似性马尔可夫随机场中，每个像素块由中心点周围的邻域像素组成（大小 3x3），并且通过与所有颜色通道中的平方误差的块匹配搜索，其相似块作为像素周围的有效邻域中的相似块。如图 4－1，像素 m（中心点所示）的组合将其连接的像素（如黄色块所示）和相似的块（红色块中所示）组合在一个有效的邻域中。显然，邻域相似的像素块自适应区域在有效区域上（选取大小为 15×15），根据平方误差选择前六个相似性块作为邻域相似块。

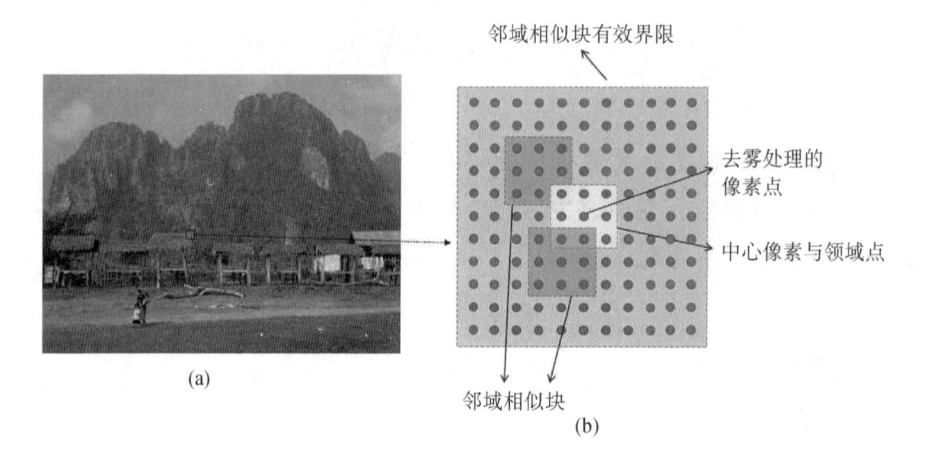

图 4－1 输入图像的不同像素块类型。(a) 输入图像，(b) 邻域相似块。

资料来源：Qu C，Bi D，Sui P，et al. Robust Dehaze Algorithm for Degraded Image of CMOS Image Sensors［J］. Sensors，2017，17（10）.

基于上述定义，本节将像素 m 的集合表示为 $F(x_m)$，定义一维向量 $F_0(x_m)$ 和 $F_k(x_m)$。$F_0(x_m)$ 被定义在像素上，其相邻像素称为邻域块。$F_k(x_m)$ 被定义在像素的所有 k 个相似性块之间，如图 4－2 所示。随机变量 x_m 表示图像的标记像素 m。那么，$F_k(x_m)$ 可以写成：

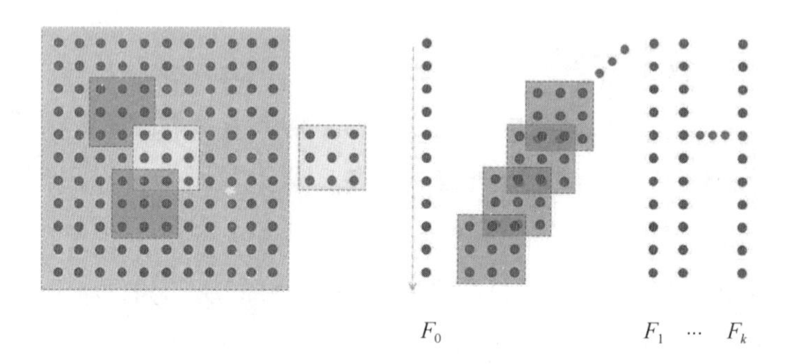

图 4－2 像素块内各点像素值的向量表示

资料来源：Qu C，Bi D，Sui P，et al. Robust Dehaze Algorithm for Degraded Image of CMOS Image Sensors［J］. Sensors，2017，17（10）.

$$F(x_m)=\{F_0(x_m),F_1(x_m),\cdots,F_k(x_m)\} \tag{4.6}$$

其中，邻域块 $F_0(x_m)$ 和邻域相似块 $F(x_m)$ 之间的相似性可以由平方误差定义，其可以由以下表示：

$$\sigma_k^2(x_m) = \sum_{i=1}^{3} [F_0(x_m^i) - F_k(x_m^i)][F_0(x_m^i) - F_k(x_m^i)]^T \tag{4.7}$$

其中，x_m^i 表示的颜色通道 i 且 $i \in \{r,g,b\}$，邻域块像素点 m 像素值的向量。

2. 邻域相似性马尔可夫随机场模型

在进行邻域相似性马尔可夫随机场去雾模型的求解前进行以下声明：

(1) 首先成像设备采集到雾霾图像来自于室外的自然场景。场景深度变化通常是渐进的和邻域像素真实的景深值相同。介质传输图 $t(x)$ 在邻域内被视为是恒定的。

(2) $A(x)$ 的值变化取决于场景深度，即具有相同深度的邻域块具有相同的 $A(x)$ 值。除了在深度不连续点的像素，$A(x)$ 的值在邻域内是相等的。

因此，大气光 $A(x)$ 和中介质传输图 $t(x)$ 都能满足邻域相似性。

由上述分析可知，邻域相似性马尔可夫随机场模型不仅能加强一阶马尔可夫随机场模型的约束，还能避免高阶马尔可夫随机场模型的复杂性。因此，定义邻域相似性马尔可夫随机场的能量模型为：

$$E(x) = \sum_{m \in \nu} \phi_m(x_m) + \sum_{m \in \nu} \sum_{k} \varphi[F_0(x_m), F_k(x_m)] \tag{4.8}$$

其中，前一项 $\sum_{m \in \nu} \phi_m(x_m) = |x_m - \tilde{x}_m|^2$ 是确保像素点 m 的实际值 x_m 同估计值 $\tilde{x}_m$ 间的误差值尽量小。后一项 $\sum_k \varphi[F_0(x_m), F_k(x_m)] = \sum_k \lambda \| F_0(x_m) - F_k(x_m) \|^2$ 表述像素点 m，该像素点的邻域块同其邻域相似块的异同，λ 则表示邻域像素块互异水平。

§4.2.3 邻域相似性马尔可夫随机场模型优化

根据上述声明，图像中的 $A(x)$ 和 $t(x)$ 的变化对于邻域主要像素趋于平滑。因此，大气光和介质传输图被假定为一个邻域块中的常量。式（4.3）

的雾霾图像退化模型可简化为：

$$J(x)=a_{x'}[I(x)-c_{x'}]+c_{x'},$$
$$b_{x'}=c_{x'}-c_{x'}a_{x'},\qquad \forall x\in p_{x'} \tag{4.9}$$
$$J(x)=a_{x'}I(x)+b_{x'}$$

式（4.9）建立了介质传输图和输入图像之间的线性关系。本节可以估计介质传输图和大气光并使用邻域相似性马尔可夫随机场模型来求解无雾图像 $J(x)$。将雾霾图像退化模型代入邻域相似性马尔可夫随机场能量表达式为：

$$E(\{a_{x'},b_{x'}\}|p_{x'})=E\{[J(x)]|p_{x'}\}$$
$$=\sum_{x}\phi_x\{p_{x'}|[J(x)]\}+\lambda\sum_{x}\sum_{k}\varphi[F_0(J_x),F_k(J_x)] \tag{4.10}$$

其中，$p_{x'}$一个以 x'为中心的小邻域像素块。λ 为正则化参数，表示对平滑项的惩罚（此处 λ 取值为5）。当 $\lambda=0$ 时，此时去雾效果最差，随着 λ 增大，去雾效果越来越好，当 $\lambda=5$ 时效果最佳。此后随着 λ 继续增大会出现失真，进而出现暗块效应影响图像质量。k 表示本节选择的邻域相似块的个数，其中 k 的取值范围在 1～169，随着 k 取值的增大，得到的去雾图像质量越好，但是考虑到所需要的处理时间，本书根据平方误差选择6。定义第一项为数据项，则

$$\phi_x\{p_{x'}|[J(x)]\}=\|a_{x'}I(x)+b_{x'}-\tilde{J}(x)\|^2 \tag{4.11}$$

式中 $\tilde{J}(x)$为无雾图像 $J(x)$的初始值，$a_{x'}$与 $b_{x'}$小邻域像素块 $p_{x'}$中的两个常量。定义第二项为平滑项，则：

$$\sum_{k}\varphi[F_0(J_x),F_k(J_x)]=\sum_{k=1}^{6}\|F_0(J_x)-F_k(J_x)\|^2$$
$$=\sum_{k=1}^{6}\sum_{i=1}^{3}\{[a_{x'}F_0^i(I_x)+b_{x'}]-[a_{x'}F_k^i(I_x)+b_{x'}]\}$$
$$\{[a_{x'}F_0^i(I_x)+b_{x'}]-[a_{x'}F_k^i(I_x)+b_{x'}]\}^T \tag{4.12}$$

在小邻域像素块 $p_{x'}$ 中，能量函数 $E(a_{x'},b_{x'})$ 可推导为：

$$E(a_{x'},b_{x'}) = \sum_{x\in p_{x'}}[a_{x'}I(x)+b_{x'}-\tilde{J}(x)]^2+\lambda\sum_{k=1}^{6}\sum_{i=1}^{3}\{[a_{x'}F_0^i(I_x)+b_{x'}]-[a_{x'}F_k^i(I_x)+b_{x'}][(a_{x'}F_0^i(I_x)+b_{x'})-(a_{x'}F_k^i(I_x)+b_{x'})]^T\}$$

$$= \sum_{x\in p_{x'}}\|a_{x'}I(x)+b_{x'}-\tilde{J}(x)\|^2+N\lambda a_{x'}^2\sum_{k=1}^{6}\sigma_k^2(I_x) \tag{4.13}$$

其中，N 表示在小邻域像素块 $p_{x'}$ 内的像素数，令 $\Gamma_{x'}(x)=\dfrac{1}{\sum_{k=1}^{6}(\sigma_k^2(I_x)+\varepsilon)}$，且 $\varepsilon=0.001$

代入式（4.13）可得：

$$E(a_{x'},b_{x'}) = \sum_{x\in p_{x'}}\|a_{x'}I(x)+b_{x'}-\tilde{J}(x)\|^2+\frac{N\lambda}{\Gamma_{x'}(x)}a_{x'}^2 \tag{4.14}$$

为了准确地获得变量，式（4.14）可以表示为：

$$(a_{x'},b_{x'}) = \operatorname{argmin}E(a_{x'},b_{x'}) \tag{4.15}$$

先求出它的偏导数等于0，则：

$$\frac{\partial E(a_{x'},b_{x'})}{\partial a_{x'}} = 2\sum_{x\in p_{x'}}\{[a_{x'}I(x)+b_{x'}-\tilde{J}(x)]\cdot I(x)\}+\frac{2N\lambda}{\Gamma_{x'}(x)}a_{x'}=0 \tag{4.16}$$

$$\frac{\partial E(a_{x'},b_{x'})}{\partial b_{x'}} = 2\sum_{x\in p_{x'}}[a_{x'}I(x)+b_{x'}-\tilde{J}(x)]=0 \tag{4.17}$$

根据式（4.16）与式（4.17），对变量的估计为：

$$a_{x'} = \frac{\frac{1}{N}\sum_{x\in p_{x'}}I(x)\cdot\tilde{J}(x)-\frac{b_{x'}}{N}\sum_{x\in p_{x'}}I(x)}{\frac{\lambda}{\Gamma_{x'}(x)}+\frac{1}{N}\sum_{x\in p_{x'}}I(x)\cdot\tilde{J}(x)} \tag{4.18}$$

$$b_{x'} = \frac{\sum_{x\in p_{x'}}\tilde{J}(x)-a_{x'}\sum_{x\in p_{x'}}I(x)}{N} \tag{4.19}$$

将式（4.19）代入式（4.18）可得：

$$a_{x'}=\frac{\frac{1}{N}\sum_{x\in p_{x'}}I(x)\cdot\tilde{J}(x)-\frac{1}{N}\sum_{x\in p_{x'}}I(x)\cdot\frac{1}{N}\sum_{x\in p_{x'}}\tilde{J}(x)}{\frac{\lambda}{\Gamma_{x'}(x)}+\frac{1}{N}\sum_{x\in p_{x'}}I(x)\cdot\tilde{J}(x)-\frac{1}{N}I\cdot\frac{1}{N}\sum_{x\in p_{x'}}\tilde{J}(x)} \tag{4.20}$$

$$b_{x'}=\frac{1}{N}\left[\sum_{x\in p_{x'}}\tilde{J}(x)-a_{x'}\sum_{x\in p_{x'}}I(x)\right] \tag{4.21}$$

同时由介质传输图 $t(x)$ 和大气光 $A(x)$ 均满足邻域相似性可知：

$$t(x)=\frac{1}{\bar{a}_x},A(x)=\frac{\bar{b}_x}{1-\bar{a}_x} \tag{4.22}$$

其中，$\bar{a}_x=\frac{1}{N}\sum_{x'\in p_x}a_{x'},\bar{b}_x=\frac{1}{N}\sum_{x'\in p_x}b_{x'}$，$N$ 表示在像素块 p_x 内以 x 为中心点的像素数，$\bar{a}_x$ 和 $\bar{b}_x$ 表示像素块 p_x 内的平均值。

根据式（4.3）可以很容易地恢复无雾图像 $J(x)$，当介质传输图 $t(x)$ 接近于0时，恢复出的无雾图像 $J(x)$ 将受到噪声的影响。将 $t(x)$ 的值限制在一个较低的 t_0 上，这在何恺明暗通道先验算法中被固定为0.1。即当 $t(x)$ 的值大于0.1时，取值为 $t(x)$ 的值；而当 $t(x)$ 的值小于0.1时，取值为 t_0。求解无雾图像 $J(x)$：

$$J(x)=\frac{1}{\max(t(x),t_0)}[I(x)-A(x)]+A(x) \tag{4.23}$$

§4.2.4 初始值的估计

在式（4.14）中提出的能量最小化过程中，需要一个初始估计 $\tilde{J}(x)$。从理论上讲，初始值的选择决定了优化速度。因此，需要选择一个近似解作为初始估计来加速过程。为了获得去雾图像的初始值 $\tilde{J}(x)$，本节近似地根据初始的大气光和介质传输图以及式（4.2）对其进行估计。如图4-3所示，为了得到大气光的初始值 $\tilde{A}(x)$，这里使用YIQ模型的模糊 $Y(x)$ 来估计

$$Y(x)=0.257I'_r+0.504I'_g+0.098I'_b \tag{4.24}$$

图 4-3　大气光的初始值。(a) 输入雾霾图像，(b) Y (x)，(c) 模糊的 Y (x)，即大气光的初始值

资料来源：Qu C, Bi D, Sui P, et al. Robust Dehaze Algorithm for Degraded Image of CMOS Image Sensors [J]. Sensors, 2017, 17 (10).

由式（4.2）进行对数运算：

$$\ln(A(x)-I(x))=\ln[A(x)-J(x)]+\ln t(x) \tag{4.25}$$

式（4.25）可简化为：

$$\tilde{I}(x)=\tilde{J}(x)+\tilde{T}(x) \tag{4.26}$$

本节介质传输图的初始值是每个像素最大的介质传输图。观测图像包含红绿蓝三个颜色通道，在每个通道 $c\in\{r,g,b\}$中获得一个介质传输图来估计。最大可能的介质传输图值发生在 $\tilde{J}(x)=0$，而相应的传输映射估计 $\tilde{T}_c(x)$为：

$$\tilde{T}_c(x)=\tilde{I}_c(x) \tag{4.27}$$

c 是特定的颜色通道。将初始介质传输图估计 $\bar{t}(x)$设置为所有通道中最接近的介质传输图估计：

$$\tilde{t}(x)=e^{\max\limits_{c\in\{r,g,b\}}\bar{t}_c(x)}=e^{\max\limits_{c\in\{r,g,b\}}\tilde{I}_c(x)} \tag{4.28}$$

换言之，最大的介质传输图 $\bar{t}(x)$是三个颜色通道中有效的介质传输图。注意，本节在最大化 $\tilde{I}_c(x)$的时候，通过 $A(x)$选择对应于天空的直接观测或最明亮的场景的图像上的点来确定。图4－4显示了从雾霾图像中得出的初始估计得介质传输图。重要的是，通过将初始大气光和介质传输图应用到式（4.2）得到了去雾图像的估计值。大气光和介质传输图的具体取值在式（4.15）中得到了精确的表示。

(a) 输入雾霾图像

(b) 介质传输图的初始值

图4－4 介质传输图的初始值

资料来源：Qu C，Bi D，Sui P，et al. Robust Dehaze Algorithm for Degraded Image of CMOS Image Sensors［J］. Sensors，2017，17（10）.

§4.2.5 实验和分析

为了验证本节算法去雾的有效性，将邻域相似性马尔可夫随机场与其他基于马尔可夫随机场的去雾算法进行比较，包括罗比·T·谭（Robby T Tan）、高西诺（Ko Nishino）、拉南·法塔尔（Raanan Fattal）。本节的实验结果由两部分组成：一方面讨论了在真实环境中对雾霾图像进行定性比较；另一方面对现有的雾霾图像和合成雾霾图像的算法进行了定量比较。

1. 定性分析

前文分析指出，邻域相似性马尔可夫随机场在边缘保持中起着重要的作用。边缘保持能力有助于恢复出更好的去雾图像。因此，可以对比不同算法去雾算法的结果和相对应的边缘图像。如图4－5至图4－7所示，对不同真实环境中的雾霾图像进行测试，用三种最主流的去雾算法罗比・T・谭（Robby T Tan）、高西诺（Ko Nishino）、拉南・法塔尔（Raanan Fattal）的结果进行定性比较。其中，图 4－5 至图 4－7 显示了与基于马尔可夫随机场的算法的比较结果。

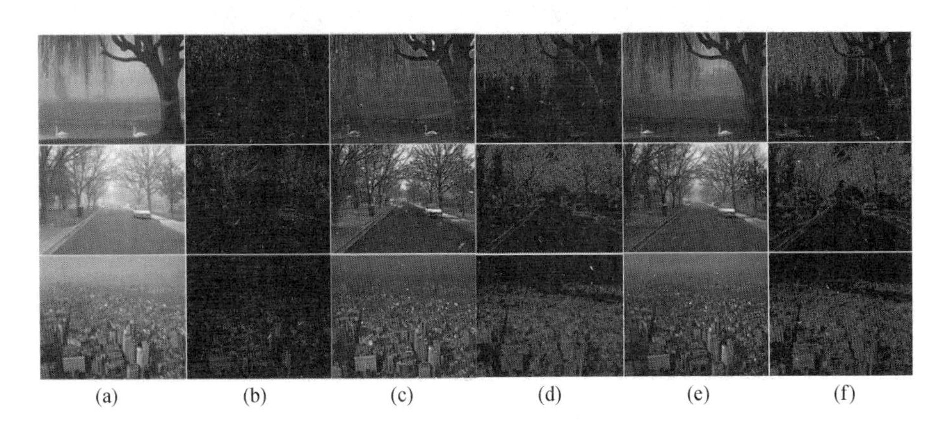

图 4－5　真实环境中罗比・T・谭（Robby T Tan）算法与本节算法比较。（a）和（b）为输入雾霾图像及其相应的可见边缘图，（c）、（d）、（e）和（f）分别用罗比・T・谭（Robby T Tan）和本节算法处理的去雾结果及相应可见边缘图

资料来源：Qu C，Bi D，Sui P，et al. Robust Dehaze Algorithm for Degraded Image of CMOS Image Sensors［J］. Sensors，2017，17（10）.

如图 4－5 所示，在罗比・T・谭（Robby T Tan）的去雾结果中，在去雾的同时恢复了大部分场景细节。然而，这些去雾结果受到过度增强的影响，并没有完全恢复真实场景的颜色。例如，第一幅图像中的天鹅颜色变成棕色且细节恢复不佳，而第二幅图像的整体偏色很严重。这是因为罗比・T・谭（Robby T Tan）的算法是基于最大限度地利用恢复图像的邻域对比度。而本节算法利用邻域相似性的马尔可夫随机场恢复去雾图像，尤其是第三幅大楼近景处的图像细节恢复的更加完整。故该算法整体恢复细节边缘比罗比・T・谭（Robby T Tan）完整，且颜色比罗比・T・谭（Robby T Tan）更自然更接近实际。

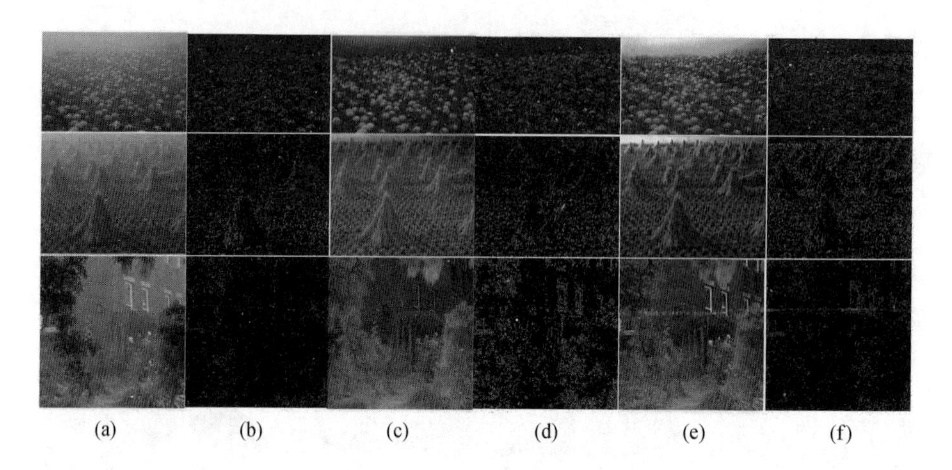

图 4-6 真实环境中高西诺（Ko Nishino）算法与本节算法比较。(a) 和 (b) 为输入雾霾图像及相应的可见边缘图，(c)、(d)、(e) 和 (f) 分别用高西诺（Ko Nishino）和本节算法处理的去雾结果及相应可见边缘图

资料来源：Qu C, Bi D, Sui P, et al. Robust Dehaze Algorithm for Degraded Image of CMOS Image Sensors [J]. Sensors, 2017, 17 (10).

在图 4-6 中，高西诺（Ko Nishino）的结果也存在去雾图像颜色失真的现象。正如在图 4-6（c）中所看到的，恢复后的图像是过饱和的。尤其处理第一张图像时，天空的颜色变成了深蓝色，而草垛也没有被恢复出真正的颜色。在图 4-6 中的第三幅图像中，虽然高西诺（Ko Nishino）的结果及相应的可见边缘显示的细节比本章节算法多，但其可视性却不如本节算法好。观察三幅图像可知本节算法在图像细节和边缘处恢复较好，颜色的恢复同真实场景更加接近。

对比本节算法比拉南·法塔尔（Raanan Fattal）算法，如图 4-7 所示，在第二幅的近景处，本节算法结果的细节纹理结果更加丰富；在第三幅的大楼中大楼的边缘尤其是近景处，本章节算法结果的边缘恢复结果较好。这是因为拉南·法塔尔（Raanan Fattal）算法提出物体反射率和介质传输图邻域不相关的假设结合高斯马尔可夫随机场求解，并未着重恢复图像的细节纹理。而本节算法重在使用邻域相似性马尔可夫随机场进行边缘保持基础上恢复图像细节。

图 4－7　真实环境中拉南・法塔尔（Raanan Fattal）算法与本节算法比较。(a) 和 (b) 为输入雾霾图像及相应的可见边缘图，(c)、(d)、(e) 和 (f) 分别用拉南・法塔尔（Raanan Fattal）和本节算法处理的去雾结果及相应可见边缘图

资料来源：Qu C，Bi D，Sui P，et al. Robust Dehaze Algorithm for Degraded Image of CMOS Image Sensors [J]. Sensors，2017，17 (10).

2. 定量分析

因在上节中对比了所有去雾结果的边缘图像，为了能够进一步说明这些边缘的有效性程度这里采用有效细节强度（Valid Detail Intensity，VDI）和色调还原度（Color Recovery，CR）评价去雾效果的图像质量。VDI 和 CR 在 § 2. 24 有具体介绍，其值越大图像清晰化效果越好。在表 4－1 中，我们给出了图 4－5 至图 4－7 的有效细节强度和色调还原度的比较。可以看出，本节算法结果比其他算法处理结果更优秀。

表 4－1　对比算法的实际去雾图像的有效细节强度和色调还原度

图像		有效细节强度		色调还原度	
		Tan	本节算法	Tan	本节算法
图像 4－5	图（1）	0. 3142	0. 5491	0. 4099	0. 4951
	图（2）	0. 4297	0. 6072	0. 3801	0. 5903
	图（3）	0. 3985	0. 6834	0. 3627	0. 6295

续表

图像		有效细节强度		色调还原度	
		Tan	本节算法	Tan	本节算法
图像		Ko	本节算法	Ko	本节算法
图像4-6	图（1）	0.3845	0.5677	0.4309	0.6413
	图（2）	0.3667	0.6182	0.3922	0.6195
	图（3）	0.3815	0.7083	0.3291	0.5843
图像		Fattal	本节算法	Fattal	本节算法
图像4-7	图（1）	0.3915	0.5932	0.4218	0.7086
	图（2）	0.4028	0.6384	0.3741	0.6631
	图（3）	0.2986	0.7173	0.3256	0.7329

资料来源：Qu C，Bi D，Sui P，et al. Robust Dehaze Algorithm for Degraded Image of CMOS Image Sensors［J］. Sensors，2017，17（10）.

为了综合评估所提出的算法，使用合成加雾图像及相应的无雾图像量化各去雾算法的处理图像。图4-8表示合成加雾图像的比较，图4-9和图4-10分别表示图4-8中不同算法产生的均方误差（MSE）和结构相似度指数测量（SSIM）值。较低的MSE意味着去雾图像和参考的真实图像之间更大的相似性。从图4-9可以看出，本节的算法在几乎所有的情况下都是最低的，这意味着我们的结果更接近于无雾的真实图像，且去雾效果更为自然。在图4-10中，本算法的结构相似性几乎为最高，那是因为本算法的恢复图像与原图像结构更加相近，表示本算法处理后图像结构信息的准确性最好。

§4.2.6 本节总结

在现有一阶马尔可夫随机场的基础上，本节提出了基于大气光和介质传输图满足邻域相似性的邻域相似性马尔可夫随机场模型。实验证明本章节算法在避免光晕产生的同时能恢复出更多的细节信息，尤其是避免远景处天空区域的光晕。由于一阶马尔可夫模型存在的局限性，局域块内尤其在远景处的细节信息丢失过多，恢复能力较弱，会在去雾结果中产生一定的偏差。

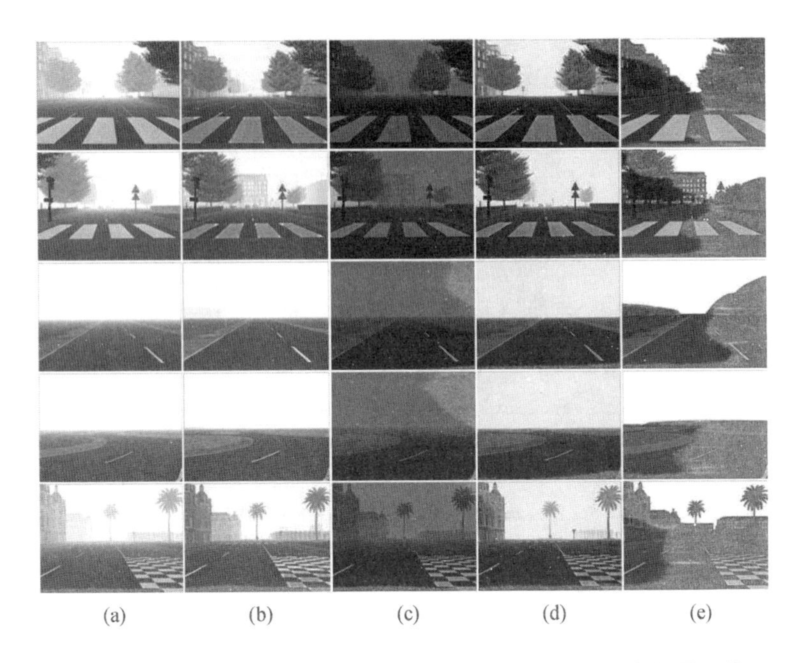

图 4-8　合成加雾图像的去雾处理结果比较。(a) 合成加雾图像，(b) 高西诺（**Ko Nishino**）的结果，(c) 拉南·法塔尔（**Raanan Fattal**）的结果，(d) 本节算法的结果，(e) 无雾图像

资料来源：Qu C，Bi D，Sui P，et al. Robust Dehaze Algorithm for Degraded Image of CMOS Image Sensors [J]. Sensors，2017，17（10）.

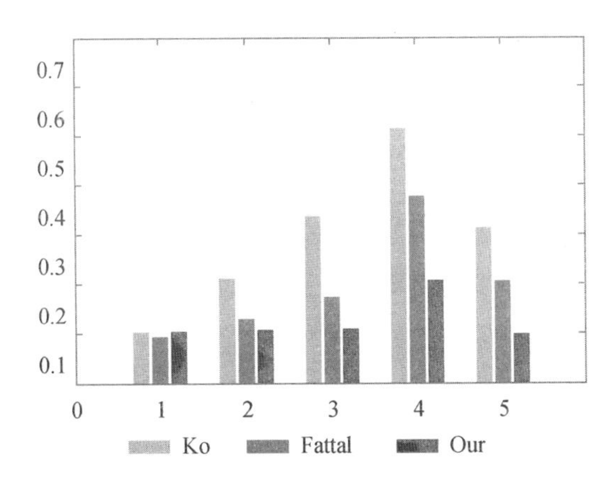

图 4-9　合成加雾图像的去雾处理结果 MSE

资料来源：Qu C，Bi D，Sui P，et al. Robust Dehaze Algorithm for Degraded Image of CMOS Image Sensors [J]. Sensors，2017，17（10）.

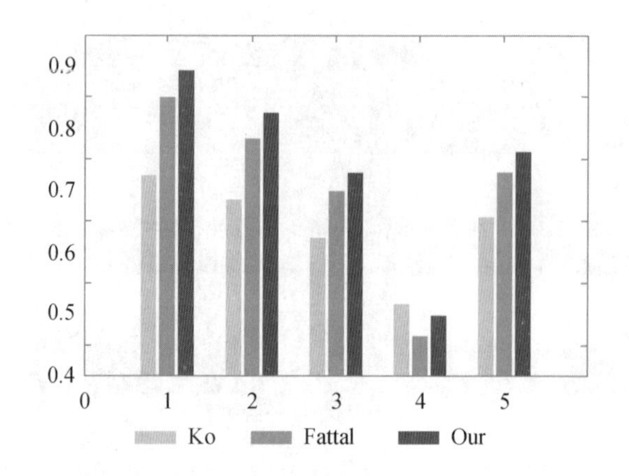

图 4 – 10　合成加雾图像的去雾处理结果 SSIM

资料来源：Qu C，Bi D，Sui P，et al. Robust Dehaze Algorithm for Degraded Image of CMOS Image Sensors［J］. Sensors，2017，17（10）.

§4.3　基于联合先验的随机游走雾霾图像复原算法

目前的去雾算法通常只使用单一先验，但在自然环境中尤其是处理大景深雾霾图像时，需要两种先验满足远景和近景皆不失真的要求。随机游走模型对弱边缘和局部丢失的边缘信息有很强的检测和恢复能力，从理论上可以解决上一节邻域相似性马尔可夫随机场模型在处理远景处边缘信息时存在去雾效果不佳的问题。因此，本节提出一种新的基于联合先验和随机游走模型的去雾算法：利用 HSV 模型提出饱和度先验，并借助以颜色衰减先验调整由饱和度先验估计的介质传输图的天空区域和大景深区域；然后利用随机游走模型精确求解由联合先验粗略估计的介质传输图。

§4.3.1　饱和度先验

1. 饱和度

1978 年 A. R. 史密斯（A. R. Smith）构建新的颜色空间——饱和度（HSV，Hue Saturation Value）颜色模型，按照颜色的直观特征进行定义的，亦可称为六角锥体模型（张文耀等，2010）。颜色模型被分为两类：首先是面向硬件的，包括 RGB 与 CMYK 的颜色模型，另一类就是面向用户的 HSV 颜色模型，按照人观察色彩的生理特征而提出的颜色模型。其中参数分别为：色调（H：hue）、饱和度（S：saturation）、亮度（V：value）。色调 H：用角度度量，取值0°~360°，饱和度S：取值0.0~1.0，亮度V：取值0.0（黑色）~1.0（白色），HSV 模型如图 4-11 所示。

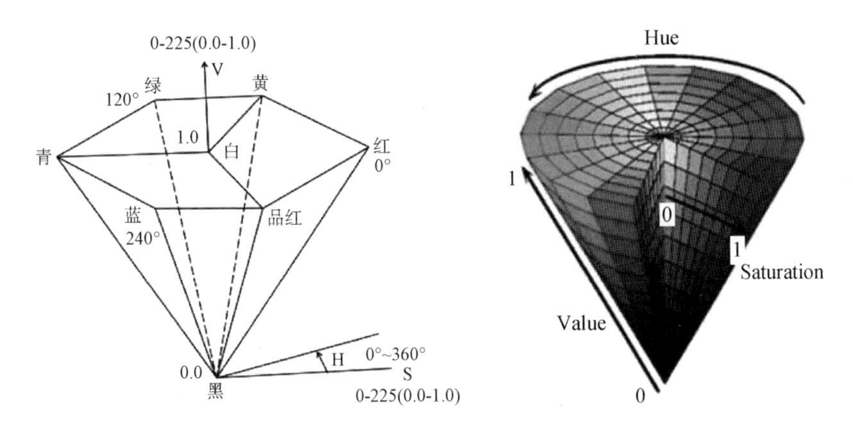

图 4-11　HSV 模型

资料来源：Qu C，Bi D. Novel Defogging Algorithm Based on Joint Use of Saturation and Color Attenuation Prior［J］. IEICE Transactions on Information and Systems，2018，Vol. E101-D，No. 5，1421—1429.

将 RGB 转化到 HSV 的算法，本节中定义 I_R、I_G 和 I_B 分别表示彩色图像的红、绿和蓝三个颜色通道分量。

$$V = 1 - max(I_R, I_G, I_B) \tag{4.29}$$

$$S = 1 - \frac{min(I_R, I_G, I_B)}{max(I_R, I_G, I_B)} \tag{4.30}$$

H 未定义，如果 S=0，

$$H = \begin{cases} 60 \times (I_G - I_B)/(S \times V), \text{如果 } S \neq 0 \text{ 并且 } max[I_R, I_G, I_B)] = R, \\ 60 \times (2 + (I_B - I_R)/(S \times V), \text{如果 } S \neq 0 \text{ 并且 } max(I_R, I_G, I_B) = G, \\ 60 \times (4 + (I_R \quad I_G)/(S \times V), \text{如果 } S \neq 0 \text{ 并且 } max(I_R, I_G, I_B) = B, \end{cases} \tag{4.31}$$

如果 H < 0，那么 H = H + 360。

2. 饱和度先验

针对彩色图像的饱和度 S 分量而言，纯光谱色是彻底饱和的，白光的增加与饱和度成反比，其具体计算如下式所示：

$$S = 1 - \frac{min(I_R, I_G, I_B)}{max(I_R, I_G, I_B)} \tag{4.32}$$

其中定义了针对彩色图像 I 的饱和度运算为 S（I）。对式（4.32）的左右同时取饱和度运算可得：

$$S[I(x)] = S\{J(x)t(x) + A[1 - t(x)]\} \tag{4.33}$$

在雾霾图像退化模型（2.20）式中，由雾霾条件下的环境光产生的干扰项在红绿蓝三通道都是相同的，重写（4.32）为：

$$S[I(x)] = 1 - \frac{\min[J_R(x), J_G(x), J_B(x)] + A[1 - t(x)]}{\max[I_R(x), I_G(x), I_B(x)]} \tag{4.34}$$

为简化（4.34）式，引入一个新的 t_1（x）得：

$$S(I(x)) = 1 - \frac{A[1 - t_1(x)]}{max[I_R(x), I_G(x), I_B(x)]} \tag{4.35}$$

显然，在 A 已知的情况下，$t_1(x)$是可求解的，则：

$$t_1(x) = 1 - \frac{\max[I_R(x), I_G(x), I_B(x)]\{1 - S[I(x)]\}}{A} \tag{4.36}$$

根据式（4.34）和（4.35）进而可知：

$$t(x) = \frac{A}{A - \min[J_R(x), J_G(x), J_B(x)]} t_1(x) \tag{4.37}$$

令定义转移系数 $K^* = \frac{A}{A - \min[J_R(x), J_G(x), J_B(x)]}$联合 $t(x)$和 $t_1(x)$之间的关系：

$$t(x) = K^* t_1(x) \tag{4.38}$$

此时，估计介质传输图 $t(x)$的问题简化为求解 K^*。对雾霾图像退化模型（2.20）的左右式同时取红绿蓝三通道通最小值，并推导可知：

$$A-\min[I_R(x),I_G(x),I_B(x)]=\{A-\min[J_R(x),J_G(x),J_B(x)]\}t(x) \tag{4.39}$$

因介质传输图 $0<t(x)<1$，满足 $0<\min[J_R(x),J_G(x),J_B(x)]<\min[I_R(x),I_G(x),I_B(x)]$。由此可以得到如下式所示关于 K^* 的约束条件：

$$1<K^*<\frac{A}{A-\min[I_R(x),I_G(x),I_B(x)]} \tag{4.40}$$

将式（4.36）和式（4.38）所获取的关于介质传输图 $t_1(x)$ 的先验称为饱和度先验。

在何恺明中提出了暗通道先验①：在针对户外清晰的无雾图像中，在不包括大面积天空区域中存在像素点：至少在一个颜色通道内存在像素值趋于零，即 $\min\limits_{\Omega\in 15\times 15}\{\min[J_R(x),J_G(x),J_B(x)]\}\to 0$。暗通道先验是将（4.39）中的约束条件退化成 $\min\limits_{\Omega\in 15\times 15}K^*\approx 1$。但实际上，自然场景中，例如大片白色和天空区域，存在一些不满足暗通道先验的场景，造成介质传输图的误差。

§4.3.2 颜色衰减先验

朱青松经过数量众多的雾霾图像进行统计后，得出大气环境中的雾霾含量同完整图像上像素点处的亮度与饱和度的改变密切相连，并且雾霾图像的雾霾含量同样可表达场景深度信息。同时朱青松经实验得出图像场景深度线性改变雾霾图像的亮度同饱和度差值，得到颜色衰减先验，利用雾霾图像的场景深度构建如下的线性模型：

$$d(x)=\theta_0+\theta_1 I(x)+\theta_2 S[I(x)] \tag{4.41}$$

其中，$I(x)$ 和 $S[I(x)]$ 分别表示为雾霾图像中像素点 x 处的亮度值和饱和度值。θ_0、θ_1 和 θ_2 为线性模型的参数，分别取值为 0.121779、

① K. He, J. Sun and X. Tang. Single image haze removal using dark channel prior [C]. In Proceedings of IEEE International Conference on Computer vision and pattern recognition, 2009, 1956—1963.

0.9597710 和 -0.780245。由此，可以获取关于颜色衰减先验的雾霾图像介质传输图：

$$\tilde{t}(x) = e^{-\beta\{\theta_0 + \theta_1 I(x) + \theta_2 S[I(x)]\}} \tag{4.42}$$

其中 $\beta = 1$①。在图 4-12 中，近景处的场景退化受雾气影响较小，图像信息丰富且颜色变化明显，导致近景处场景的亮度信息和饱和度信息变化较快，因此由颜色衰减得到的粗略的介质传输图并不符合真实的介质传输图。相反地，在雾霾图像的大景深处，场景的亮度信息和饱和度信息都趋于平稳，此处的由颜色衰减获得的介质传输图符合真实情况。图 4-12（b）中，场景深度变化时颜色衰减先验的亮度值与饱和度值的黑白差值图由深色渐变为浅色。在图 4-12（c）中表达差值与场景深度的关联。此时，横轴表示亮度与饱和度之间的差，纵轴表示图像中相应像素点的场景深度。它明确地表达出差值与场景深度所成的关联。并且，伴随场景深度逐步加深，雾霾浓度将会由浅至深增加。

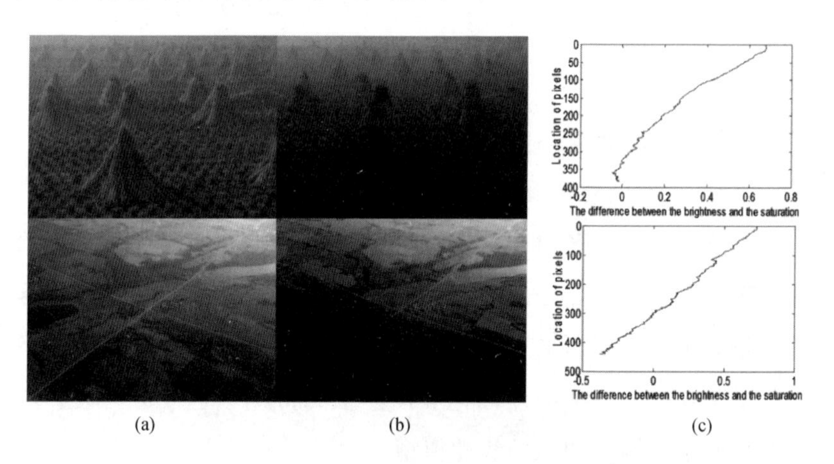

图 4-12 “稻草”与“航拍”颜色衰减分析图。（a）雾霾图像，（b）亮度值同饱和度值间的差值关系，（c）差值和场景深度联系图。

资料来源：Qu C，Bi D. Novel Defogging Algorithm Based on Joint Use of Saturation and Color Attenuation Prior［J］. IEICE Transactions on Information and Systems，2018，Vol. E101-D，No. 5，1421—1429.

---

① Q. S. Zhu，J. Mai，L. Shao. A Fast Single Image Haze Removal Algorithm Using Color Attenuation Prior［J］. IEEE Transactions on Image Processing，2015，24（11）：3522—3533.

接下来如何将由颜色衰减先验获取的雾霾图像介质传输图作为约束条件得到精准的介质传输图成为了求解的关键问题。

§4.3.3 基于随机游走图像去雾

1. 随机游走传递系数 $K*$ 的能量模型

随机游走模型的目标能量函数将初始点的灰度信息作为能量的先验模型，并约束随机游走的能量模型。传统的随机游走算法利用高斯函数来定义节点间的相似权重函数。传递系数 K^* 的能量函数表示如下：

$$E_{Random}[K^*(x)] = \frac{1}{2}K^{*T}(x) \cdot L \cdot K^*(x) \tag{4.43}$$

这里，L 表示一个联合拉普拉斯矩阵，它的定义为：

$$L_{v_iv_j} = \begin{cases} d_{v_i}, & i=j \\ -w_{i,j}, & v_i \text{ 和 } v_j \text{ 是邻近像素点} \\ 0, & \text{其他} \end{cases} \tag{4.44}$$

$L_{v_iv_j}$ 表示通过节点 v_i 和 v_j 的关系矩阵，是对称正定矩阵。通过解离散 Dirichlet 积分，可以得到如式（4.43）的解：

$$E_{Random}[K^*(x)] = \frac{1}{2}\sum w_{i,j}[K_i^*(x) - K_j^*(x)]^2 \tag{4.45}$$

在模型约束下，随机游走模型将两个初始介质传输图 $t_1(x)$ 和 $\tilde{t}(x)$ 表示出来。能量模型定义为：

$$E_{prior}[K^*(x)] = \| K^*(x)t_1(x) - t_1(x) \|^2 + \beta(x) \| K^*(x)t_1(x) - \tilde{t}(x) \|^2 \tag{4.46}$$

因此，结合式（4.45）和式（4.46）得出传递系数 K^* 的能量模型，如下式所示：

$$E_{Total}[K^*(x)] = \lambda E_{Random}[K^*(x)] + E_{prior}[K^*(x)] \tag{4.47}$$

其中正则化参数 λ 表示前一项的影响程度，在转移系数的设置为0.75。第一项转移系数的随机游走能量项表达在游走过程中某一像素点向邻域内相邻像素点游走的可能性，第二项的先验项能量项表达饱和度先验和颜色衰减先验分别获取介质传输图的粗估计对转移系数全局游走方向的约束。

根据基于颜色衰减先验与饱和度先验分别获取的介质传输图的粗估计分析可知，$\tilde{t}(x)$在亮度值和饱和度值变化平缓的区域具有明显的优势，因为$t_1(x)$在天空和大片白色区域不满足$min[J_R(x),J_G(x),j_B(x)]\approx 0$。相反的，$t_1(x)$在亮度值与饱和度变化显著的近景处具有明显的优势，因为$\tilde{t}(x)$中的线性参数是固定不变的，不符合近景处的介质传输图估计。因此，需要设计一个合理的正则化权重$\beta(x)$衡量先验能量中$t_1(x)$和$\tilde{t}(x)$对转移系数K^*游走方向的影响。

2. 影响传递系数$K*$参数讨论

将雾霾图像的亮度与饱和度的变化情况作为正则化权重$\beta(x)$的影响因素。给定一幅雾霾图像I，在邻域P内定义表征亮度与饱和度变化的结构特征：将像素点i，j之间亮度值差异的欧氏距离$\| I_i(x)-I_j(x)\|^2$与饱和度值差异的绝对距离$\| S_i(x)-S_j(x)\|^1$之和的衰减函数定义为两像素点之间的差异性$r(i,j)$：

$$r(i,j)=exp\{-[\| I_i(x)-I_j(x)\|^2+\| S_i(x)-S_j(x)\|^1]\} \tag{4.48}$$

根据周围像素点与中心像素之间差异性$r(i,j)$衡量中心像素i在邻域P内的结构特征$\beta(x)$为：

$$\beta(x)=\frac{1}{z(i)}\begin{cases}\sum\limits_{j\in p} r(i,j)\cdot e^{-\frac{|i-j|^2}{\sigma^2}} & (i\neq j)\\ 0 & (i=j)\end{cases} \tag{4.49}$$

$$z(i)=\sum_{j\in P} e^{-\frac{|i-j|^2}{\sigma^2}} \tag{4.50}$$

其中，$z(i)$是规范化函数，σ是高斯模板的标准差，邻域P尺寸为7×7。表征亮度和饱和度变化的结构特征$\beta(x)$，其值越小表明亮度与饱和度变化越显著，相反地，表明亮度和饱和度变化越平缓。将$\beta(x)$代入式（4.46）中，能很好衡量$t_1(x)$和$\tilde{t}(x)$对转移系数K^*游走方向的影响。此时，最小化（4.47）的能量得到优化的转移系数 K^*，进而代入式（4.38）得到最终的介质传输图 $t(x)$。

最后，将大气光 A 和介质传输图 $t(x)$ 代入式（2.20）中，则可获取基于雾霾图像退化模型的去雾图像：

$$J(x)=\frac{I(x)-A}{t(x)}+A \tag{4.51}$$

§4.3.4　实验和分析

为突显联合先验的优势，选择四个具有代表性的先验去雾算法作比较：哈曼代普·考尔·拉诺塔（Harmandeep Kaur Ranota）算法、上节的邻域相似性马尔可夫随机场算法、拉南·法塔尔（Raanan Fattal）算法和朱青松算法。同时为突显随机游走模型相对于一阶马尔可夫模型的优势，重点对比大景深雾和大片天空区域的雾霾图像。最后，采用两个客观评价指标衡量处理结果的质量高低。

1. 介质传输图对比

如图 4－13 所示，从以下五个介质传输图的比较，可以看出哈曼代普·考尔·拉诺塔（Harmandeep Kaur Ranota）算法分别处理每个颜色通道的介质传输图与高斯滤波器使得在远景出现了扭曲和模糊。本书上节的邻域相似性马尔可夫随机场算法在远景处以及边缘区域丢失严重的区域恢复的细节较差。拉南·法塔尔（Raanan Fattal）算法基于局域平滑的假设，介质传输图得到的 Color－Line 先验不满足结构变化明显的区域。朱青松算法介质传输图图像信息丰富，颜色变化明显在近景处易产生块效应。本节算法基于两个先验限制的介质传输图在天空和远景区域以及近景处均获得自然且平滑的结果。

2. 定性分析

首先，选取“山区”“小路”及“高楼”三幅雾霾图像用来对比测试本节算法和哈曼代普·考尔·拉诺塔（Harmandeep Kaur Ranota）算法性能

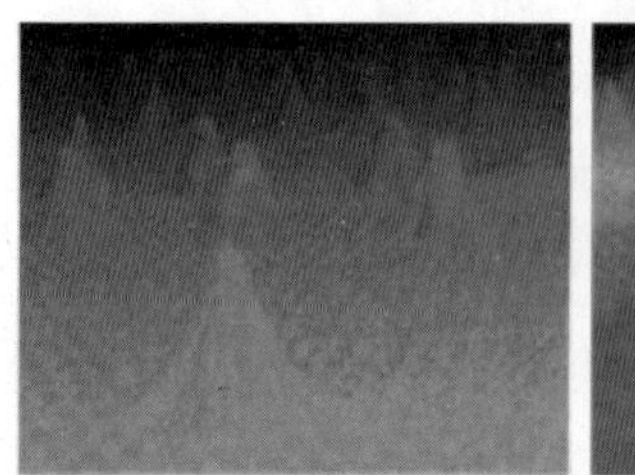

(a) Ranota算法获取的介质传输图

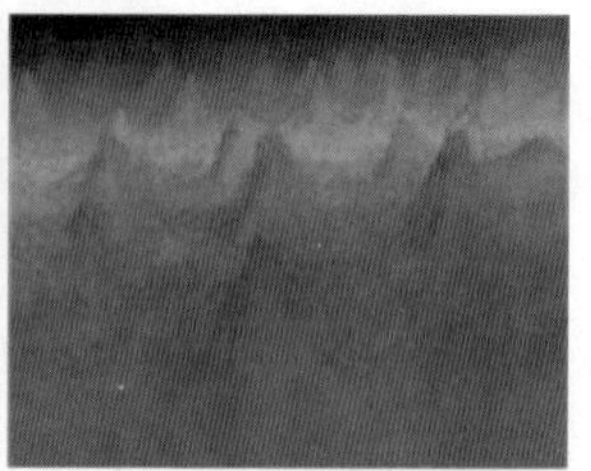

(b) LC-MRF算法获取的介质传输图

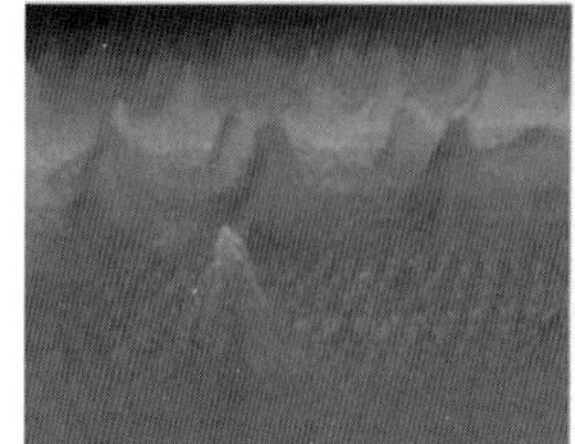

(c) Color-Line算法获取的介质传输图

(d) 颜色衰减获取的介质传输图

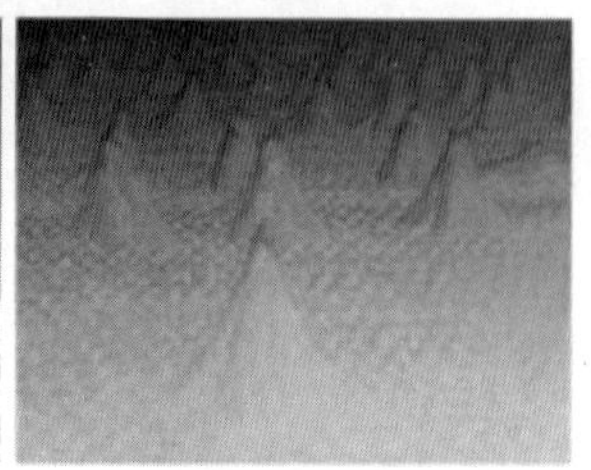

(e) 本章节算法获取的介质传输图

图 4-13 介质传输图比较

资料来源：Qu C, Bi D. Novel Defogging Algorithm Based on Joint Use of Saturation and Color Attenuation Prior [J]. IEICE Transactions on Information and Systems, 2018, Vol. E101-D, No. 5, 1421—1429.

高低。其中，“山区”“小路”属于含有大片天空区域的真实雾霾图像，而“高楼”属于有层次感的景深雾霾图像。如图 4-14（c）所示，虽然哈曼代普·考尔·拉诺塔（Harmandeep Kaur Ranota）算法处理的三幅图像效果在视觉效果上比原始雾霾图像好，但是该结果在大片天空区域的处理上出现了光晕现象，图像局部失真。其主要原因是哈曼代普·考尔·拉诺塔（Harmandeep Kaur Ranota）算法采用改进的暗通道先验，当出现大面积天空区域时该算法出现光晕和斑块。同时这三幅图像经哈曼代普·考尔·拉诺塔（Harmandeep Kaur Ranota）算法处理后在大景深区域表现不好，颜色和细节处均处理不佳。本节算法约束和调整了天空和白色区域，且在大景深区域的去雾效果在颜色和细节的复原也表现不错的效果。如图 4-14（e）所示，本节算法的处理结果有效避免块效应失真，能得到整体效果均不错且纹理细腻、色彩明亮的处理图像。

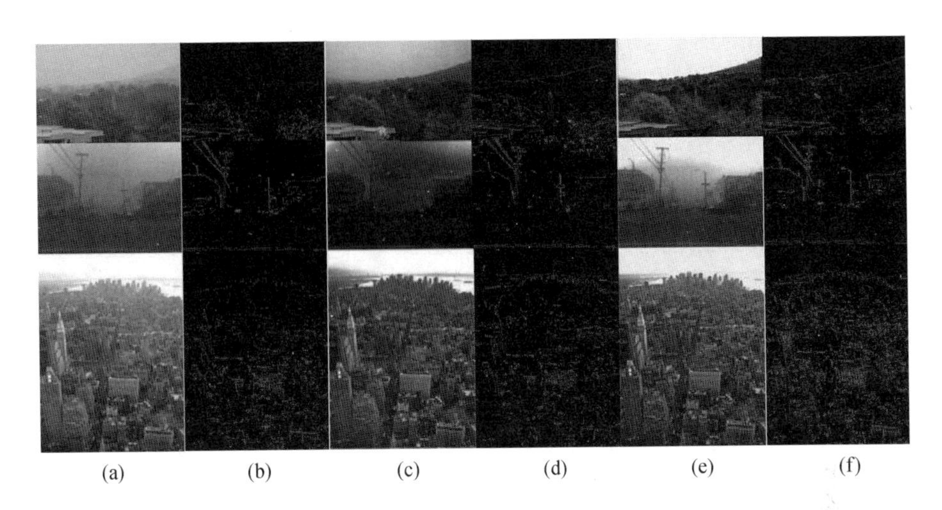

(a)　(b)　(c)　(d)　(e)　(f)

图 4-14　哈曼代普·考尔·拉诺塔（Harmandeep Kaur Ranota）算法和本节算法在“山区”“小路”及“高楼”雾霾图像上进行性能对比。各列依次是：（a）和（b）为输入雾霾图像及其相应的可见边缘图，（c）、（d）、（e）和（f）分别用哈曼代普·考尔·拉诺塔（Harmandeep Kaur Ranota）算法和本节算法处理的去雾结果及相应可见边缘图。

资料来源：Qu C, Bi D. Novel Defogging Algorithm Based on Joint Use of Saturation and Color Attenuation Prior [J]. IEICE Transactions on Information and Systems, 2018, Vol. E101-D, No. 5, 1421—1429.

其次，图 4-15 选取“村镇”“屋顶”及“厂房”三幅雾霾图像测试上节邻域相似性马尔可夫随机场算法和本节算法性能比较。其中，这三幅雾霾图像均为同时含远近景雾霾图像。由上节可知在恢复图像细节方面邻域相似性马尔可夫随机场的表现较好并且这三幅图像在近景处表现良好，颜色和细节恢复较好；而在景深比较大的区域表现不佳，边缘和细节恢复不佳。本节算法在较大景深处去雾效果表现尤其佳，同时在远景以及近景处颜色和细节恢复也不错。所以本节的算法在远景区域有着很好的恢复效果，能恢复出细腻的纹理。

图 4-16 提供了 Color-Line 算法和本节算法在“草垛”“远山”及“南瓜”等雾霾图像的比较。Color-Line 算法的去雾效果较好，但在“远山”含有大景深雾霾图像的场景中，草坪区域有尚未完全去除的薄雾残留。而在“草垛”和“南瓜”图像的远景区域中，出现颜色较为昏暗的效

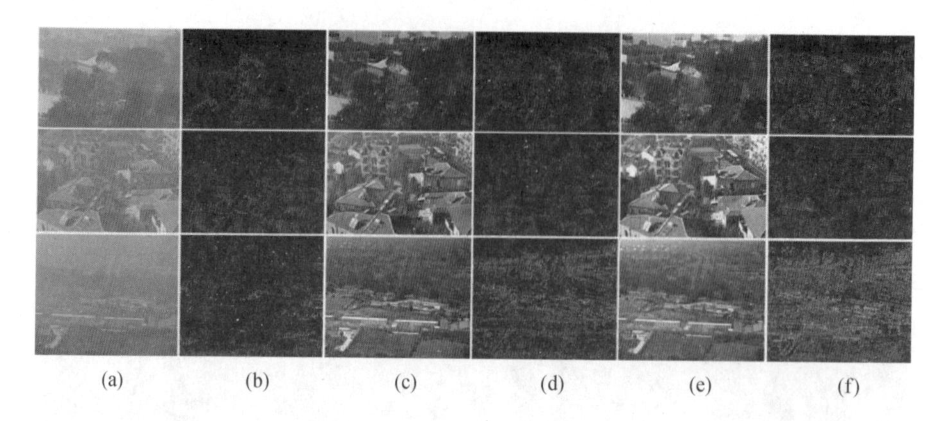

图 4－15 邻域相似性马尔可夫随机场算法和本节算法在“村镇”“屋顶”及“厂房”雾霾图像上进行性能对比。各列依次是：（a）和（b）为输入雾霾图像及其相应的可见边缘图，（c）、（d）、（e）和（f）分别用邻域相似性马尔可夫随机场算法和本节算法处理的去雾结果及相应可见边缘图。

资料来源：Qu C，Bi D. Novel Defogging Algorithm Based on Joint Use of Saturation and Color Attenuation Prior［J］. IEICE Transactions on Information and Systems，2018，Vol. E101－D，No. 5，1421—1429.

果。其主要原因是图像的边缘以及纹理变化明显的区域，像素点在颜色空间的分布较为分散不服从 Color－Line 先验。本节算法在远景处考虑了场景中大景深的颜色衰减先验，在去雾的同时充分保留了大景深处完整的细节信息。相较之下，本节算法在大景深的恢复上有着较好的效果。

图 4－17 显示了三幅真实的大景深雾霾图像组成，分别是“路”“树林”和“城市”。其中，“路”和“树林”图像时有延伸感的大景深雾霾图像，而“城市”图像则是层次较丰富的大景深雾霾图像。可以发现，朱青松算法和本节算法成功地应用于大景深雾霾场景效果的提升和增强，但朱青松算法结果在近景部分表现不佳。这里需指出的是，朱青松算法在处理退化现象受雾霾影响较小的近景时，易产生块效应。图 4－17 中的汽车、树叶和近处的屋顶都因为过暗的颜色使恢复图像近景处失真。针对近景失真，本节中利用联合先验获取的介质传输图能有效克服在近景处失真的问题。

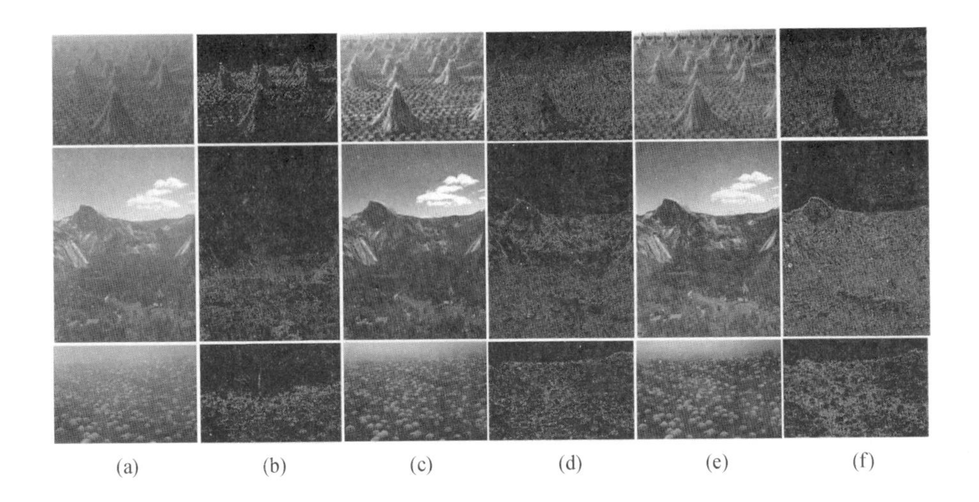

图 4-16　Color-Line 算法①和本节算法在“草垛”、“远山”及“南瓜”雾霾图像上进行性能对比。各列依次是：（a）和（b）为输入雾霾图像及其相应的可见边缘图，（c）、（d）、（e）和（f）分别用 Color-Line 算法和本节算法处理的去雾结果及相应可见边缘图。

资料来源：Qu C，Bi D. Novel Defogging Algorithm Based on Joint Use of Saturation and Color Attenuation Prior［J］. IEICE Transactions on Information and Systems，2018，Vol. E101-D，No. 5，1421—1429.

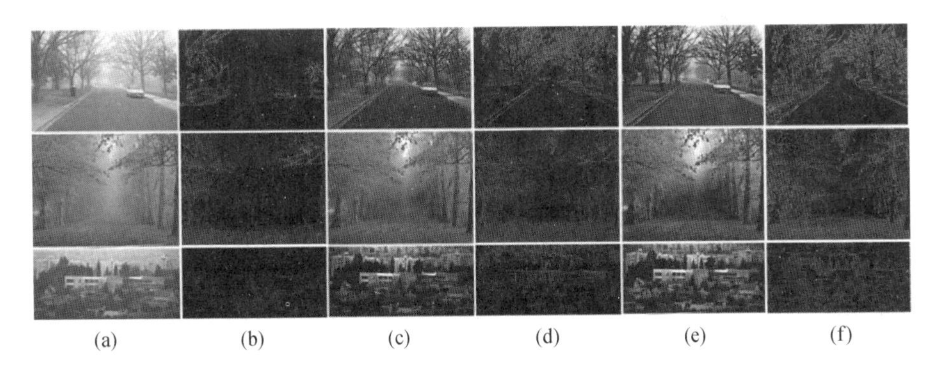

图 4-17　朱青松算法和本节算法在“路”、“树林”和“城市”雾霾图像上进行性能对比。各列依次是：（a）和（b）为输入雾霾图像及其相应的可见边缘图，（c）、（d）、（e）和（f）分别用朱青松算法和本节算法处理的去雾结果及相应可见边缘图。

资料来源：Qu C，Bi D. Novel Defogging Algorithm Based on Joint Use of Saturation and Color Attenuation Prior［J］. IEICE Transactions on Information and Systems，2018，Vol. E101-D，No. 5，1421—1429.

① R. Fattal. Dehazing using color-lines［J］. ACM Transactions on Graphics，2014（34）：1—13.

3. 定量分析

本节的定量分析，同样采用有效细节强度和色调还原度进行分析比较，其中图 4－18 至图 4－21 表示出图 4－14 至图 4－17 去雾结果图的客观评价。由图 4－18 可知本节算法处理结果在 VDI 和 CR 两项指标中均为最佳。同时证明了本节所提出的算法能够在大景深处和大面积天空区域出能得到的复原图像纹理细腻且颜色鲜艳，表现出良好的去雾能力。

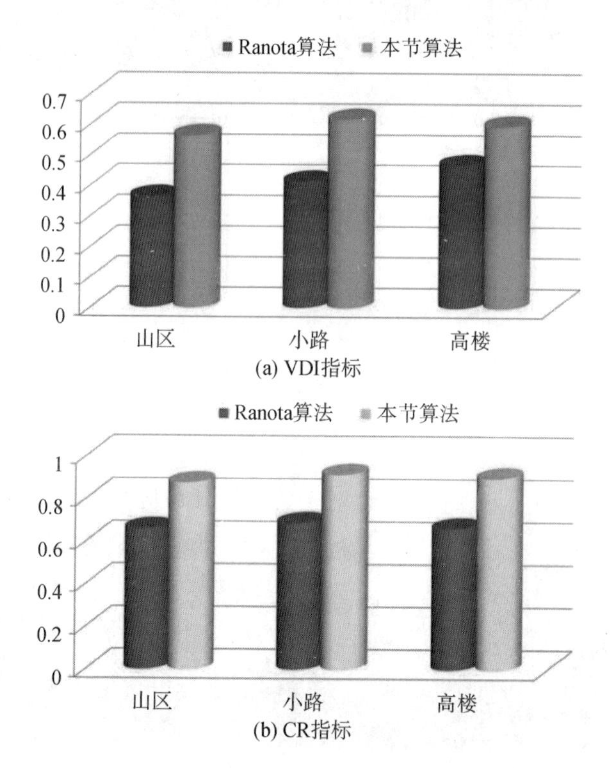

图 4－18 Ranota 算法和本节算法得到的处理结果的图像质量评价

资料来源：Qu C，Bi D. Novel Defogging Algorithm Based on Joint Use of Saturation and Color Attenuation Prior［J］. IEICE Transactions on Information and Systems，2018，Vol. E101－D，No. 5，1421—1429.

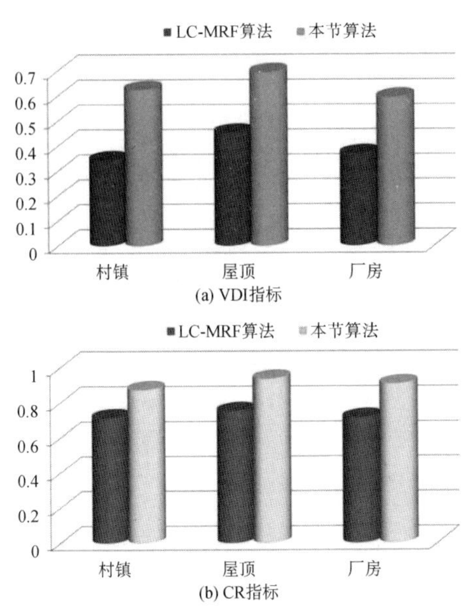

(a) VDI指标

(b) CR指标

图 4-19　邻域相似性马尔可夫随机场算法和本节算法得到的处理结果的图像质量评价

资料来源：Qu C，Bi D. Novel Defogging Algorithm Based on Joint Use of Saturation and Color Attenuation Prior［J］. IEICE Transactions on Information and Systems，2018，Vol. E101-D，No. 5，1421—1429.

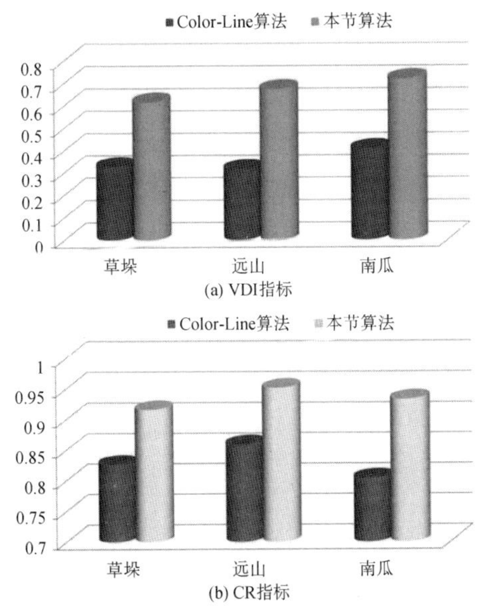

(a) VDI指标

(b) CR指标

图 4-20　Color-Line 算法和本节算法得到的处理结果的图像质量评价

资料来源：Qu C，Bi D. Novel Defogging Algorithm Based on Joint Use of Saturation and Color Attenuation Prior［J］. IEICE Transactions on Information and Systems，2018，Vol. E101-D，No. 5，1421—1429.

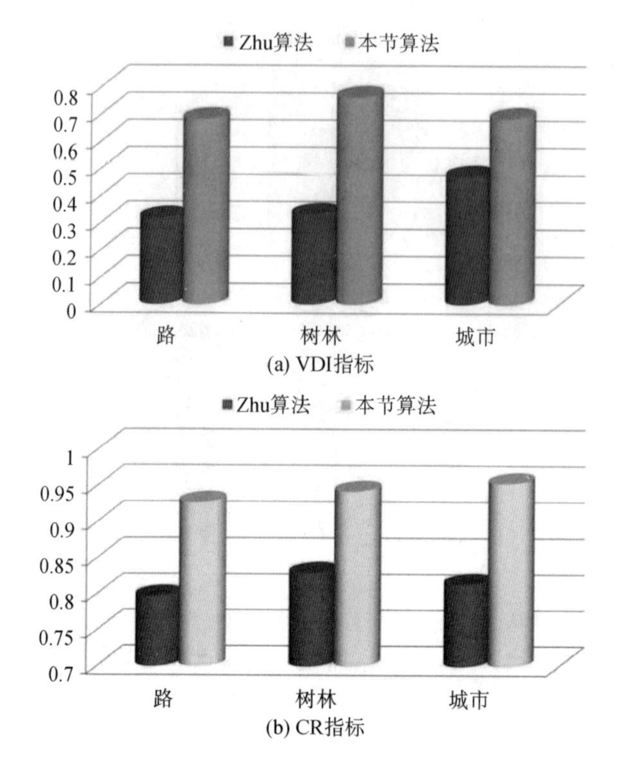

图 4-21 朱青松算法和本节算法得到的处理结果的图像质量评价

资料来源：Qu C，Bi D. Novel Defogging Algorithm Based on Joint Use of Saturation and Color Attenuation Prior［J］. IEICE Transactions on Information and Systems，2018，Vol. E101-D，No. 5，1421—1429.

§4.3.5 本节总结

基于随机游走模型和联合先验，本节提出了满足远景和近景皆不失真的去雾算法。首先，基于 HSV 模型提出饱和度先验，并以颜色衰减先验获取的介质传输图调整饱和度先验获取介质传输图的大面积天空区域和白色区域；其次，利用随机游走模型对由联合先验介质传输图的粗估计进行优化求解。在仿真实验中，采用大景深雾霾图像证明算法的鲁棒性。

§4.4　本章小结

本章首先在马尔可夫随机场模型的基础上提出了一种邻域相似性马尔可夫随机场模型的去雾算法。邻域相似性马尔可夫随机场模型在图像细节的复原方面表现较好，但在处理远景处边缘信息丢失过于严重的雾霾图像时，邻域相似性马尔可夫随机场算法表现不佳。其次，又提出了基于联合先验的随机游走图像去雾算法。实验证明该算法为处理大景深雾霾图像的算法提供了新的思路。

然而在实际的图像采集过程中，雾霾图像往往会受到环境噪声的干扰。鉴于此，本书将在下一章研究处理雾霾含噪图像的清晰化问题。

第5章 懒惰随机游走的雾霾含噪图像清晰化

§5.1 引言

在真实的雾霾场景里，成像设备采集到的雾霾图像往往会受到噪声的干扰。本章研究包含噪声的雾霾图像清晰化算法，主要处理目前已有的图像去雾算法无法较好地实现去雾与除噪的需求。现有的处理含噪雾霾图像的算法往往是单一地分为去噪和去雾两部分去处理。如 Xia Lan、方帅等先消除噪声而后再抑制雾霾的影响，以及 P 吉德什（P Jidesh）、埃里克·马特林（Erik Matlin）等先进行图像去雾后，再抑制噪声（Xia Lan，2013）（方帅等，2012）（P Jidesh，2014）（Erik Matlin，2012）。正如本书第2章对于“环境噪声对去雾图像的影响”所做论述的结论所得，先抑制噪声后去雾会大量丢失图像中的细节信息，相反地，会致使场景的噪声被放大，大大增加了后续的去噪难度。本章为保证同时去噪与去雾，则要构建更为合理的算法框架同时将去噪与去雾的有效算法统一，复原出抑制噪声又去除雾霾的图像。

本章组织结构如下：首先，针对目前滤波算法无法合理有效去除真实环境噪声的问题，根据估计的高斯噪声水平决定衡量参数，提出了新的基于随机游走模型的图像去噪算法，再使用何恺明提出的基于暗通道先验的去雾算法，组成先去噪后去雾的算法，分别对无噪雾霾图像、含噪雾霾图像进行处理和分析（§5.2）。根据先去噪后去雾的算法带来图像细节丢失的问题，分析现有雾霾退化模型的物理意义，并加以改进使之更符合实际雾霾含噪图像的特殊性，提出基于懒惰随机游走模型的同步去雾和去噪的框架；其次，利用几何约束和 Color - Line 先验获取退化模型中的精准大气光；最后，恢复出噪声水平低的无雾图像（§5.3）。

§5.2　基于噪声水平的随机游走滤波雾霾图像清晰化算法

§5.2.1　经典滤波去噪算法

图像滤波虽是较早进行去噪处理的工具，但随着多范畴交织在一起且不断发展以及数学工具的日益增多，研究人员不断从各种方面提升滤波的性能。本章针对高斯噪声这种最常见的噪声，概要介绍滤波去噪算法的发展。

消除高斯噪声，通常可使用高斯滤波器将其消除（Zhuocheng Jiang 等，2014）。高速处理是该滤波器的特点之一，然而在处理噪声的过程中还会使细节边缘模糊。消除高斯噪声亦可借助维纳滤波，在图像消除噪声过程中借助采集图像与去噪图像间能够得到的最小均方差，称为最佳逼近（Xiaobo Zhang，2013）。维纳滤波在为图像消除噪声的同时还有保持图像边缘及细节的能力，然而该滤波存在计算量过大，很难确定滤波模板尺寸等问题。模板尺寸过小或过大都不能得到理想的图像质量。1998 年，卡洛托马西（Carlo Tomasi 等，1998）提出双边滤波法（BF，Bilateral Filtering），基于几何相似度和它们的亮度相似度来组合灰度或颜色信息，且优化在两个域范围内的值，从而能更好的避免丢失边缘细节信息情况。此后，研究人员又先后修正许多有针对性的去噪算法，如自适应高斯噪声滤波器、快速各向异性高斯滤波器、扩展卡尔曼滤波器（王保平等，2004）。可见，图像去噪时估计噪声其准确程度决定了去噪效果。

使用偏微分方程（PDE，Partial differential equation）实现图像去噪的算法是目前图像去噪范畴中重要的研究领域之一（A. Chambolle，1994）。偏微分方程于2080年代应用于解决图像噪声问题。1984年，简·J·科恩德里克（Jan J Koenderink，1984）将线性扩散模型引入到图像去噪。然而在线性扩散滤波中，未区分图像的细节信息与噪声，故该图像去噪的滤波算法会损失图像边缘结构与细节信息。约阿希姆·威克特（Joachim Weickert，1999）针对局部方向信息提出了张量扩散模型。该模型在图像边缘上的参数相对较大，可实现区分图像的边缘处以及图像边缘处存在噪声的不同信息。然而此模型过于灵敏，使得在图像去噪的过程中会在图像的平坦区域产生虚假条纹，使去噪图像的质量下降。盖伊·吉尔博亚（Guy Gilboa等，2004）将偏微分方程从实数域扩展到复数域，复数域的虚部能够查找边缘，有效保留了图像的边缘信息，同时削弱了块效应的产生，然而图像的对比度会显著地降低。另外，偏微分方程算法的计算复杂度较高，使偏微分方程算法在图像去噪处理过程收敛速度缓慢、耗时量过高，很难满足图像去噪的实际应用。

基于上述存在的问题，龚紫云（2009）针对在图像去噪领域较热点的非局域均值计算复杂度较高的问题，提出一种基于随机游走快速非局部均值图像去噪算法。该算法可明显提高计算速度且保持去噪效果较好的水平，但只针对高斯白噪声并且在像素块的选取上不够精细。曾孝平等（2010）针对连续偏微分方程图像去噪存在的问题，提出随机游走核与谱图理论的去噪算法。该算法在有效去除噪声的同时可更完整地恢复出图像细节和边缘结构，有较强的顽健性，但谱图理论需要解超大矩阵，在硬件的需求方面要求相对较大，不易实现。其后G. Liu等提出了一种基于谱图理论的扩散与有重新启动核的随机游走算法，该法利用非子采样的轮廓变换来采集图像的几何特征（G. Liu，2012）。仿真结果表明，该算法能有效地降低高斯噪声，并且保持图像边缘的能力与其他基于图的偏微分方程算法相比具有优越性。

§5.2.2　基于随机游走滤波去除高斯白噪声模型

1. 图像滤波模型的构建

在本节中进行研究的图像被认作含加性高斯白噪声的图像，其模型如下：

$$u_0(x,y) = u(x,y) + n(x,y) \tag{5.1}$$

式中 $u_0(x,y)$ 表示采集到的噪声图像，$u(x,y)$ 为原本的无噪图像，$n(x,y)$ 表示高斯白噪声。高斯白噪声为加性噪声，因此，定义处理高斯白噪声的随机游走模型能量表达式为：

$$E_{RW} = \frac{1}{2}\sum_{e_{ij}} w_{ij}(u_i - u_j)^2 + \frac{\psi}{2}\sum_{i=1}^{n} d_i(u_{0\ i} - u_i)^2 \tag{5.2}$$

其中第一项是传统随机游走算法中的能量项，该项实现了输出图像 u_0 的平滑度称为平滑项；第二项为数据项，通过每个像素数对 u_0 和 u 之间的距离进行最小化操作。ψ 为这两项的权衡参数。

使用矩阵形式改写式（5.2）：

$$\begin{aligned} E_{RW} &= \frac{1}{2}u^T Lu + \frac{\psi}{2}(u_0 - u)^T D(u_0 - u) \\ &= \frac{1}{2}u^T Lu + \frac{\psi}{2}u^T Du - uu_0{}^T Du + const \end{aligned} \tag{5.3}$$

式中，$const$ 为独立于 u_0 的常数，而 u_0 是平滑的像素强度。事实上，u_0 是 E_{RW}（5.3）式中的关键点，因此可以是通过将 E_{RW}区分为 u_0 获得。所以得到方程为：

$$(E_{RW})'_u = (L + \psi D)\ u - \psi D u_0 = 0 \tag{5.4}$$

则

$$[(1+\psi)D + W]\ u = \psi D u_0 \tag{5.5}$$

逆矩阵反演求解:

$$
\begin{aligned}
u &= [(1+\psi)D+W]^{-1}\psi D u_0 \\
&= \psi \times [(1+\psi)D+W]^{-1} D u_0 \\
&= \psi \times [(1+\psi)D+W]^{-1}(D^{-1})^{-1} u_0 \\
&= \psi \times [(1+\psi)D^{-1}D-D^{-1}W]^{-1} u_0 \\
&= \psi \times [(1+\psi)E-D^{-1}W]^{-1} u_0
\end{aligned}
\tag{5.6}
$$

这里可以得到滤波器($\psi \times [(1+\psi)E-D^{-1}W]^{-1}$)。在输入图像 u_0 中，矩阵的每行可以被认为是内核确定相应像素的权重值，输出平滑结果即可被认为是输入图像中其他像素的加权组合。

不难发现求解（5.6）计算复杂度为 $O(n^3)$，n 为像素点的数量。而在（5.5）中使用逆矩阵求解计算复杂度 $O(n^2)$ 计算效率更高。以上方程是一个系统具有 n 个未知数的线性方程组。所得到的线性系统是 $Ax=b$ 的形式和上述方程是非奇异的，使用线性代数很容易求得解。这种特殊类型的线性方程组已经得到很好的研究并且可以通过许多算法快速解决，例如共轭梯度和代数多重网格法。适当的预处理器或多网格求解器只需要 $O(n)$ 操作。

事实上求解（5.5）可使用 Jacobi 迭代:

$$
u_0(k+1)=\frac{1}{1+\psi}D^{-1}Wu_0(k+1)+\frac{\psi}{1+\psi}u_0(0) \tag{5.7}
$$

其中，$u_0(0)$是迭代过程的初始状态（即输入图像）。它是各向异性扩散的思想。然而，与传统各向异性相比较扩散本节的算法收敛于一个有意义的解，而不是一幅不变的图像。由图 5-1 可以发现，同一权衡参数 ψ 处理不同水平的高斯噪声影响很大。因此，需要根据不同的噪声水平设置相应的权衡参数 ψ。接下来对噪声图像中的噪声水平进行估计。

图 5－1　高斯噪声水平及迭代次数下的去噪结果

资料来源：曲晨，毕笃彦．基于懒惰随机游走的雾天含噪图像清晰化［J］．光学学报，2018，38（4）：103—112.

2. 基于奇异值分解的高斯噪声水平估计

（1）奇异值分解

设定 B 的秩为阶矩阵 r，那么 B 的奇异值分解表达（Wei Liu，2013）为：

$$B = U \times S \times V^T \tag{5.8}$$

式中，U 代表 $m \times m$ 的方阵，且 $U^TU = I_{mm}$，V 代表 $n \times n$ 的方阵，且 $V^TV = I_{nn}$。B 的奇异向量由 U 与 V 表示。S 则称为 B 的奇异值。而 U 的列向量可表示为 BB^T 的特征向量，以及 V 的列向量则可表示为 B^TB 的特征向量。这里用对角阵 S 表示奇异值矩阵，利用矩阵 BB^T 亦或 B^TB 特征值的二次方根表示，遵循降序排队规则。利用 $s_i(i = 0, 1, \cdots, r)$ 代表奇异值，以及 $s_1 > s_2 > \cdots > \cdots > s_r$。利用奇异向量 U 与 V 对初始的图像 I 以及加性高斯噪声 N 进行解析分别得出图像与噪声对奇异值的表示为 S_s 和 S_n。当图像不存在噪声时 $S = S_s, s(i) = s_s(i)$，而图像有噪声时，$S = S_s + S_n, s(i) = s_s(i) + s_n(i)$。

$$S_s = U^{-1} \times B_0 \times (V^T)^{-1} = U^{-1} \times B_0 \times V \tag{5.9}$$

$$S_n = U^{-1} \times N \times (V^T)^{-1} = U^{-1} \times N \times V \tag{5.10}$$

（2）高斯噪声图像的奇异值分解

假定 N 的矩阵为 $m \times n$，标准差用 σ 表示高斯白噪声，那么 N 的奇异值分解表示：

$$N = U \times S_n \times V^T \tag{5.11}$$

$$\sigma^2 = \sum_{i=1}^{r} S_n^2(i) \tag{5.12}$$

M 代表使用后面奇异值的数量。则 M 个奇异值的均值为 σ 的函数，使用 $P_M(\sigma)$ 表达：

$$P_M(\sigma) = \frac{1}{M} \sum_{i=r-M+1}^{r} S_n(i) \tag{5.13}$$

上式有 $1 \leqslant M \leqslant r$。当 $M = 1$ 时，则选取结尾的一个奇异值，为最小奇异值 $s_n(r)$，当 $M = r$，使用全体奇异值，即 $s_n(1), \cdots, s_n(r)$。假如 P_M 同 σ 呈线性关系，其充要条件为：

$$\begin{cases} P_M(k\sigma) = k \times P_M(\sigma) \\ P_M(\sigma + \sigma_1) = P_M(\sigma) + P_M(\sigma_1) \end{cases} \tag{5.14}$$

σ 表示高斯白噪声 N 的标准差，σ_1 表示高斯白噪声 N_1 的标准差。

如果 N_k 是与噪声 N 表示一致的高斯白噪声，则 $N_k = k \times N$，其 N_k 为标准差表示成 $k\sigma$ 的高斯白噪声。

$$\begin{aligned} N_k &= k \times N = k \times U \times S_n \times V^T \\ &= U \times kS_n \times V^T = U \times S_{nk} \times V^T \end{aligned} \tag{5.15}$$

N_k 奇异值表示 k 倍的 N。

$$S_{nk} = k \times S_n \tag{5.16}$$

此时

$$P_M(k\sigma) = \frac{1}{M} \sum_{i=r-M+1}^{r} k \times P_M(\sigma) \tag{5.17}$$

接下来，设 $N_1 = (\sigma_1 / \sigma) \times N$ 同噪声 N 分布相同的高斯白噪声，存在

N_1 的标准差为 σ_1；$N_2 = \frac{\sigma_1 + \sigma}{\sigma} N$ 同噪声 N 分布相同的高斯白噪声，则 N_2 的标准差为 $\sigma_1 + \sigma$。得到：

$$N_1 = \frac{\sigma_1}{\sigma} N = \frac{\sigma_1}{\sigma} U \times S_n \times V^T = U \times \frac{\sigma_1}{\sigma} S_n \times V^T = U \times S_{n1} \times V^T \tag{5.18}$$

$$S_{n1} = \frac{\sigma_1}{\sigma} S_n \tag{5.19}$$

$$P_M(\sigma_1) = \frac{1}{M} \sum_{i=r-M+1}^{r} S_{n1}(i) = \frac{1}{M} \sum_{i=r-M+1}^{r} \frac{\sigma_1}{\sigma} s_{n1}(i) \tag{5.20}$$

$$N_2 = \frac{\sigma_1 + \sigma}{\sigma} N = \frac{\sigma_1 + \sigma}{\sigma} U \times S_n \times V^T = U \times \frac{\sigma_1 + \sigma}{\sigma} S_n \times V^T = U \times S_{n2} \times V^T \tag{5.21}$$

故

$$S_{n2} = \frac{\sigma_1 + \sigma}{\sigma} S_n \tag{5.22}$$

$$\begin{aligned} P_M(\sigma + \sigma_1) &= \frac{1}{M} \sum_{i=r-M+1}^{r} \frac{\sigma + \sigma_1}{\sigma} s_n(i) = \frac{1}{M} \sum_{i=r-M+1}^{r} S_n(i) + \frac{1}{M} \sum_{i=r-M+1}^{r} \frac{\sigma_1}{\sigma} S_n(i) \\ &= P_M(\sigma) + P_M(\sigma_1) \end{aligned} \tag{5.23}$$

所以式（5.14）的保证第二个条件实现。此时在噪声分布相同的状态中 P_M 与噪声标准差 σ 线性相干。经过实验表明 $M >> 1$，该曲线近似与噪声分布相同时 $P_M - \sigma$ 曲线相拟合。若 $M >> 1$ 时，则 P_M 和 σ 基本线性相干。

$$P_M(\sigma) = \alpha\sigma,\ M >> 1 \tag{5.24}$$

此处，α 用于确定尺寸的大小，称作线性函数的斜率，α 的数值由 M 的值确定。依照实验得到 $\alpha = 13.87$。

P_M 与 σ 的关联则为

$$P_M = \frac{1}{M} \sum_{i=r-M+1}^{r} s(i) = \alpha\sigma + \beta \tag{5.25}$$

式中 β 表示同图像有关的参数。接着把 P_M 分成 P_{Ms} 与 P_{Mn} 两方面，并且表示图像与噪声同 P_M 的支持，表示为：

$$P_{Ms} = \frac{1}{M}\sum_{i=r-M+1}^{r} s(i) \tag{5.26}$$

$$P_{Mn} = \frac{1}{M}\sum_{i=r-M+1}^{r} s_n(i) \tag{5.27}$$

（3）奇异值分解的高斯噪声水平估计

在对噪声图像进行奇异值分解之后，其后部存在 M 个奇异值的均值为 P_M 同加性高斯白噪声的标准差 σ 大约为线性关系，式（5.25）所表示。此处假定图像中包括加性高斯白噪声 N，该白噪声的标准差为 σ。继续向噪声图像中添加强度为 σ_1 的高斯白噪声 N_1，因为此处 N 和 N_1 不相关，得到的综合噪声 N_{sum}同样为高斯白噪声，其标准差为 $\sigma_{sum1} = \sqrt{\sigma^2 + \sigma_1^2}$。

这里高斯白噪声是零均值，故 $E(N)=0, E(N_1)=0$，噪声方差表示为

$$\sigma^2 = E[N - E(N)]^2 = E(N^2) \tag{5.28}$$

$$\sigma_1^2 = E[N_1 - E(N_1)]^2 = E(N_1{}^2) \tag{5.29}$$

综合噪声 N_{sum}的均方差为

$$\begin{aligned}\sigma_{sum}^2 &= E[(N+N_1) - E(N+N_1)]^2 = E(N^2) + E(N_1^2) + 2E(NN_1) \\ &= E(N^2) + E(N_1^2) = \sigma^2 + \sigma_1^2\end{aligned} \tag{5.30}$$

此处强调的是，噪声 N 和 N_1 不相关，故 $E(NN_1) = E(N)E(N_1) = 0$

则 N_{sum}的标准差

$$\sigma_{sum} = \sqrt{\sigma^2 + \sigma_1^2} \tag{5.31}$$

这里表示为

$$P_M = \alpha\sigma + \beta \tag{5.32}$$

$$P_{1M} = \alpha\sqrt{\sigma^2 + \sigma_1^2} + \beta \tag{5.33}$$

再次假定向噪声图像增加强度为 σ_2 的高斯白噪声 N_2

$$P_{2M} = \alpha\sqrt{\sigma^2 + \sigma_2^2} + \beta \tag{5.34}$$

求解式（5.32）~式（5.34），则噪声水平的估计值为：

$$\hat{\sigma} = \frac{\sqrt{\dfrac{P_{1M} - P_{2M}}{\dfrac{\sigma_1^2}{P_{1M} - P_M} - \dfrac{\sigma_2^2}{P_{2M} - P_M}}}}{2 \times (P_{1M} - P_M)} \sigma_1^2 - \frac{P_{1M} - P_M}{2 \times \sqrt{\dfrac{P_{1M} - P_{2M}}{\dfrac{\sigma_1^2}{P_{1M} - P_M} - \dfrac{\sigma_2^2}{P_{2M} - P_M}}}} \tag{5.35}$$

此处，经实验可得 $\sigma_1 = 0.01$，$\sigma_2 = 0.02$。

为合理有效地设定权衡参数 ψ 与噪声水平 $\hat{\sigma}$ 的线性关系，借助 100 幅普通图像添加不同强度的高斯噪声，然后利用随机游走滤波去除噪声。当 $\psi = 0.46 * \hat{\sigma} + 0.12$ 时可得出，经随机游走滤波处理的图像峰值信噪比结果最好。

因本算法为先去噪后去雾，现随机游走去噪滤波已经构建完毕。去雾部分借鉴于何恺明提出的基于暗通道先验的去雾算法，这里不再累述。

§5.2.3　实验分析

为检验本节先去噪后去雾算法的有效性，使用无背景噪声的雾霾图像、人工加噪雾霾图像以及真实含噪的雾霾图像，其相应结果分别如图 5 - 2 至图 5 - 7 所示。

1. 定性分析

图 5 - 2 中对比测试图是真实环境中的雾霾图像，可忽略背景噪声的干扰。各算法进行去雾测试而图 5 - 3 是相应的红框处的细节放大图。何恺明算法和本节算法均能很好的处理无噪雾霾图像，因本节算法的去雾模型采用何恺明的算法，故处理结果与何恺明算法一致，有着较好的去雾能力。

图 5 - 4 中是真实环境中的添加强度为 0.01 的高斯白噪声的雾霾图像进行实验对比。图 5 - 5 是图 5 - 4 相应的红框处的细节放大图。如图何恺明算法因模型中只有去雾的算法而没有去除噪声的算法，故在处理含噪雾霾图像时会出现噪声变大的现象。本节算法因先对图像进行滤波去噪处理

图 5-2 无噪雾霾图像

资料来源：曲晨，毕笃彦．基于懒惰随机游走的雾天含噪图像清晰化［J］．光学学报，2018，38（4）：103—112.

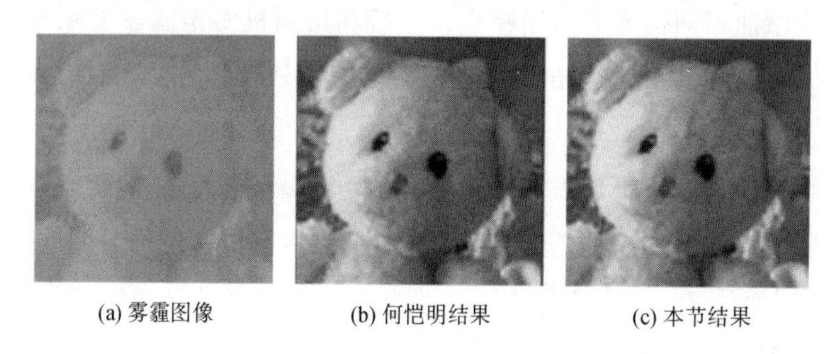

图 5-3 无噪雾霾图像红框放大图

资料来源：曲晨，毕笃彦．基于懒惰随机游走的雾天含噪图像清晰化［J］．光学学报，2018，38（4）：103—112.

后利用何恺明的算法进行去雾，在噪声的去除上较前者更有优势，然而在图像的细节信息留存方面尚有欠缺，在图 5-5 中较显著。

图 5-4 加噪雾霾图像

资料来源：曲晨，毕笃彦．基于懒惰随机游走的雾天含噪图像清晰化［J］．光学学报，2018，38（4）：103—112.

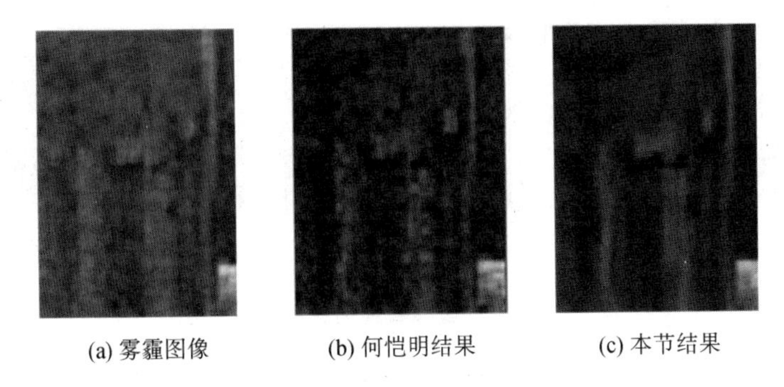

(a) 雾霾图像　(b) 何恺明结果　(c) 本节结果

图 5-5　加噪雾霾图像红框放大图

资料来源：曲晨，毕笃彦．基于懒惰随机游走的雾天含噪图像清晰化［J］．光学学报，2018，38(4)：103—112.

图 5-6 中对比测试图是对真实环境中的含噪雾霾图像的实验组。对各算法进行去雾去噪测试而图 5-7 是相应的红框处的细节放大图。同样，何恺明算法因模型中只有去雾的能力，在处理含噪雾霾图像时会出现噪声放大的现象。本节算法因首先对图像进行去噪处理然后利用何恺明的算法进行去雾，处理结果在噪声的去除上更有优势，不过在图像的细节保留方面同样有欠缺，在图 5-7 中尤为明显。

(a) 雾霾图像　(b) 何恺明结果　(c) 本节结果

图 5-6　自然含噪雾霾图像

资料来源：曲晨，毕笃彦．基于懒惰随机游走的雾天含噪图像清晰化［J］．光学学报，2018，38(4)：103—112.

2. 定量分析

从图 5-2 至图 5-7 的主观评价得出，本节算法对含噪雾霾图像的处理有较好的效果。使用峰值信噪比（PSNR）指标评估处理后的含噪雾霾图像的降噪能力，其值越大表明该算法的去噪能力越强。噪声水平其值越小

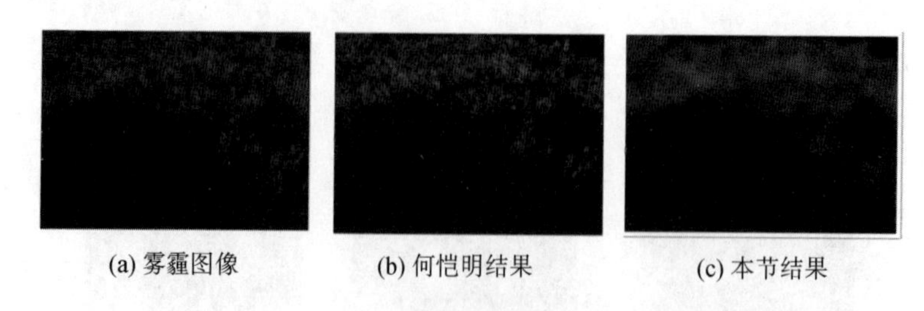

(a) 雾霾图像　(b) 何恺明结果　(c) 本节结果

图 5－7　自然含噪雾霾图像红框放大图

资料来源：曲晨，毕笃彦．基于懒惰随机游走的雾天含噪图像清晰化［J］．光学学报，2018，38（4）：103—112.

就代表所含噪声越少。表 5－1 表示图像质量评价结果。

表 5－1　雾霾图像的质量评价

图像		SPNR	噪声水平
图 5－2	无噪雾霾图像	24.081	0.1723
	何恺明结果	18.926	0.1958
	本节结果	37.328	0
图 5－3	加噪雾霾图像	22.040	0.3028
	何恺明结果	15.628	0.3351
	本节结果	35.784	0.1728
图 5－6	自然含噪雾霾图像	21.032	0.5135
	何恺明结果	13.835	0.5616
	本节结果	33.972	0.3871

资料来源：曲晨，毕笃彦．基于懒惰随机游走的雾天含噪图像清晰化［J］．光学学报，2018，38（4）：103—112.

从以上处理效果图不难发现，何恺明的算法因去雾模型中不存在去噪功能，故当雾霾图像噪声较大时，会出现去雾结果受到噪声干扰而放大的现象。本节算法采用先去噪后去雾的算法，虽然去噪效果较好，但在一些地方会出现滤波过度平滑的现象，出现处理图像细节信息丢失的问题。在下一节将提出基于懒惰随机游走的同步去雾去噪算法，进行协同去雾去噪处理。

§5.3　基于懒惰随机游走的雾霾含噪图像清晰化

§5.3.1　算法框架

针对现有图像去雾算法无法很好地解决同时去雾与降噪的问题，从雾霾图像退化模型出发，将模型分解成直接衰减和间接衰减。将间接衰减看作雾霾、噪声以及其他干扰对图像的影响，提出了一种复原含噪雾霾图像的新算法：摒弃分步去雾和降噪思想，建立懒惰随机游走框架抑制间接衰减项，同时利用几何约束的最优化模型将 Color - Line 先验看作附加约束进一步准确估计大气光，实现同步去雾降噪处理，提升了含噪雾霾复原图像质量。本节利用改进的雾霾图像退化模型与懒惰随机游走模型，提出基于懒惰随机游走的含噪雾霾单幅图像复原算法。具体流程如图 5 - 8 所示。

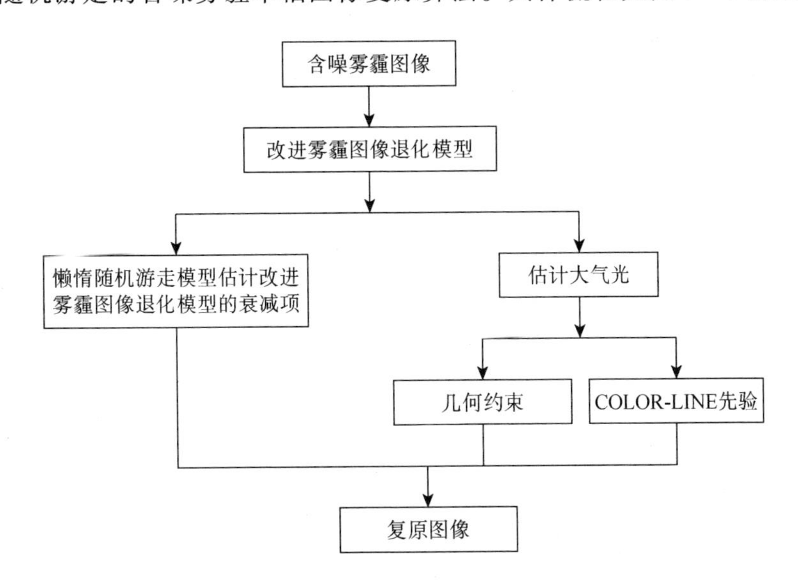

图 5 - 8　基于懒惰随机游走的含噪雾霾图像清晰化算法框架

资料来源：曲晨，毕笃彦．基于懒惰随机游走的雾天含噪图像清晰化［J］．光学学报，2018，38（4）：103—112.

本节算法如下：§5.3.2 分析现有雾霾图像退化模型的物理意义，并加以改进使之更符合实际雾霾含噪图像的特殊性；§5.3.3 利用懒惰随机游走模型估计改进雾霾图像退化模型的直接衰减项；§5.3.4 利用几何约束和 Color－Line 先验获取精准的雾霾图像退化模型中的大气光。

§5.3.2 本节退化模型及其求解思路

现有的雾霾图像退化模型只考虑了雾霾天气粒子散射所带来的大气退化现象，并未考虑环境所带来的噪声。因此，本节结合阿拉德（Allard）理论和雾霾图像退化模型基础上，提出了以下修正模型：

$$I(x) = D(x) + V(x) \tag{5.36}$$

像素 x 存在相应的 $I(x)$ 是由 $D(x)$ 和 $V(x)$ 两项线性聚合得到。其中，在像素 x 处 $D(x)$ 表示直接衰减项：

$$D(x) = J(x)t(x) \tag{5.37}$$

除了反射光之外，还存在作用场景状态的一个要素为大气光 A。作为查看者还能够看到大气中漂浮的粒子对大气光 A 受到场景景深影响的散射光。这种散射干扰会降低远景处图像的可视性，伴随着图像会产生一种独特的灰白色。同时，考虑到场景环境和成像设备带来的噪声，基于克什米德（Koschmieder）的理论，像素 x 处间接衰减项 $V(x)$ 表达为：

$$V(x) = A[1 - t(x)] + n(x) \tag{5.38}$$

式中，$n(x)$ 表示自然噪声。由于自然噪声的特性，本节定义为高斯噪声零均值，其方差为 σ^2。对式（5.38）的求解有两种思路：分步去除雾霾与噪声和同时去除雾霾与噪声。先去噪后去雾算法会引起去噪后的图像模糊，损失纹理和细节信息，致使后续的去雾不能有效地进行；而先去雾后去噪算法会出现以下问题：

$$J(x) = A + \frac{I(x) - A}{t(x)} - \frac{n(x)}{t(x)} \tag{5.39}$$

式中，$t(x)$ 为小于 1 的正数，同时伴随雾霾浓度增加而变小；假设直接进行去雾处理而不约束噪声，致使噪声变大，噪声更不容易去掉。综上所述，此时含噪雾霾图像需要去雾和去噪协同处理。

基于以上分析，本节在抑制噪声及其他干扰的间接衰减项 $V(x)$ 的同时，首先将 $D(x)$ 求出来，然后对大气光 A 进行估算。$I(x)$ 可表示为：

$$I(x)=D(x)+A(1-\frac{D(x)}{J(x)}) \tag{5.40}$$

此时提前将 $D(x)$ 和 A 估计出来，复原无雾图像可对下式进行求解：

$$J(x)=\frac{D(x)A}{D(x)+A-I(x)} \tag{5.41}$$

§5.3.3 直接衰减项估计

基于随机游走算法普遍应用于图像处理及其计算机视觉等领域，该算法是通过计算初始点与邻域像素点的概率。在图像 $I(x_i)$ 中，每个像素点 x_i 对应一个节点 v_i，每个边对应一个衡量像素点 x_i 和 x_j 之间相似性的权值 w_{ij}，表示游走该边的概率。Grady 采用高斯权函数来定义相邻节点间相似性的权值 w_{ij}：

$$w_{ij}=exp[-\alpha(g_i-g_j)^2] \tag{5.42}$$

式中 g_i，g_j 分别代表像素点 x_i，x_j 的灰度信息。

式（5.42）所示，传统游走算法定义节点的相似性权函数，其随机游走项能量函数如下：

$$E_{Random}(x)=\frac{1}{2}x^T\cdot L\cdot x=\frac{1}{2}\sum_{e_{ij}\in E}w_{ij}(x_i-x_j)^2 \tag{5.43}$$

从能量函数中不难看出传统游走算法是通过计算初始点与邻域像素点之间的概率。该算法着重考虑像素点间的关系，而在保留纹理信息与捕捉弱边缘的恢复能力有待提高。

懒惰随机游走算法（Lazy Random Walk，LRW）计算该初始点与其他像素点之间的概率，在每个节点处加入了自跳转过程，同时变换游走的方式，由初始点向像素点游走，约束了随机游走算法，这种自跳约束能够保留纹理信息与捕获弱边缘，如图 5-9 所示（Jianbing Shen，2014）。

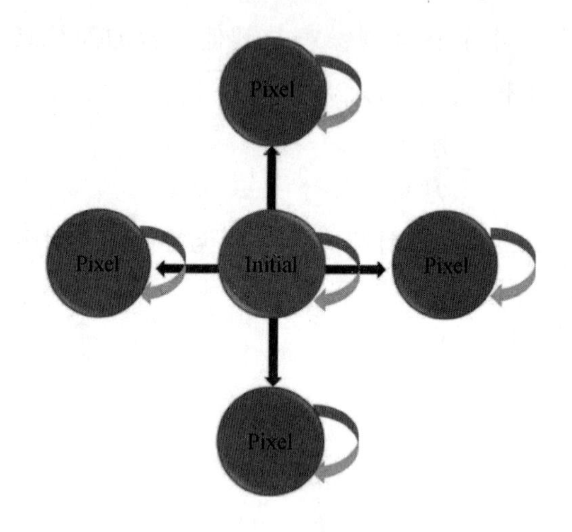

图 5-9 懒惰随机游走模型

资料来源：曲晨，毕笃彦．基于懒惰随机游走的雾天含噪图像清晰化［J］．光学学报，2018，38（4）：103—112.

懒惰随机游走是利用边和节点构成图的。在图像 $I(x_i)$ 中，每个像素点 x_i 对应一个节点 v_i，像素点 x_i 与 x_j 构成边 e_{ij}，而 e_{ii} 代表像素点 x_i 回到自身的边称为自跳边，w'_{ij} 代表每个边对应得权值，像素点 x_i 和 x_j 之间的相似性用 w'_{ij} 表达，并且也表示游走经过该边的概率，当游走不会经过该边时则权值为 0。根据 Jianbing Shen 采用高斯函数求取权值 w'_{ij}：

$$w'_{ij} = exp\left(-\frac{||g_i - g_j||^2}{2\rho^2}\right) \tag{5.44}$$

式中 g_i，g_j 各自代表对应像素点 x_i，x_j 的灰度值，ρ 是自定参数，$2\rho^2$ 在 Jianbing Shen 中的取值为 1/30。

在懒惰随机游走算法中各个节点处均添加自跳边，故该邻接矩阵与随机游走算法不同，懒惰随机游走的邻接矩阵表示如下：

$$W'_{ij} = \begin{cases} 1-\alpha, & \text{当 } i=j \\ \alpha w'_{i,j}, & \text{当 } v_i \text{ 和 } v_j \text{ 是相邻的节点} \\ 0, & \text{其他} \end{cases} \tag{5.45}$$

式中，i、j 表示邻近节点 v_i、v_j，α 是在（0，1）之间的调节参数。W' 是稀疏对称矩阵。归一化 W' 得到转移概率矩阵：

$$P'_{ij}=\begin{cases}1-\alpha, & \text{当 } i=j\\ \alpha\cdot w'_{ij}/d_i, & \text{当 } v_i \text{ 和 } v_j \text{ 是相邻的节点}\\ 0, & \text{其他}\end{cases} \tag{5.46}$$

式中，第一行公式表示某一节点 v_i 有 $1-\alpha$ 的概率停顿在此节点处，第二行公式有 α 的概率游走至其余相邻节点。

L'表示一个联合的拉普拉斯算子图矩阵，其定义为：

$$L'_{ij}=\begin{cases}d_i, & \text{当 } i=j\\ -\alpha w'_{ij}, & \text{当 } v_i \text{ 和 } v_j \text{ 是相邻的节点}\\ 0, & \text{其他}\end{cases} \tag{5.47}$$

因此，懒惰随机游走能量模型为：

$$E_{LRW}(x) = (1-\alpha)\sum_{e_{ii}\in E}(\nabla x)^2+\alpha\sum_{e_{ij}\in E}w'_{ij}(x_i-x_j)^2 \tag{5.48}$$

懒惰随机游走能量模型在随机游走能量模型的基础上，加入了能够保留纹理信息与捕捉弱边缘的自跳约束能量项。因为 V 被视为一种间接干扰，所以该懒惰随机游走能量模型为去雾和除噪协同处理提供一个很好的途径来获取 D。

基于懒惰随机游走的误差损失函数估计直接衰减项 D：

$$E(D) = \underset{D}{argmin}\sum_{i=1}^{m}[I(x_i)-D(x_i)]^2+\lambda\Big\{(1-\alpha)\sum_{i=1}^{m}[\nabla D(x_i)]^2 + \alpha\sum_{i}\sum_{j=1}^{m}w'_{ij}[D(x_i)-D(x_j)]^2\Big\} \tag{5.49}$$

式中，第一项为数据项，第二、三项为正则化项。$D(x_i)$、$D(x_j)$ 与 $I(x_i)$ 均是在全局中的像素，$\lambda>0$ 且用来调节正则化项在总能量中所占比重的正则系数，α 与式（5.45）定义一致，m 表示像素块个数。第一项为数据项强迫 D 不停逼近 I 用于保证预计得到的值更逼真的保证了 D 与 I 的相似程度。而后两项正则项是用来描述雾霾图像中局部信息的，$(1-\alpha)\sum_{i=1}^{m}$

$[\nabla D(x_i)]^2$中当直接衰减项 D 点处于边缘或者纹理信息较不明显时进行一次自游走过程，用于恢复该处的边缘结构或纹理信息，$\alpha\sum_i\sum_{j=1}^{m}w'_{ij}[D(x_i)-D(x_j)]^2$中 $\sum_i\sum_{j=1}^{m}w'_{ij}[D(x_i)-D(x_j)]^2$ 则用来描述像素点之间的差异，从而保证该点的恢复程度。该函数将图像中的雾霾和噪声看作间接干扰项并且在能量优化中将其抑制，满足了对含噪的雾霾图像去雾和去噪协同处理的需求。

§5.3.4 大气光估算值

为了需要复原出合适亮度的无雾图像，本节将大气光 A 作为另一个待估计量。在西野（Nishino）里，找出图像中亮度值最高的像素点，即大气光的估值。另外，何恺明找出某一暗通道中亮度最高的位置相应找到图像对应的像素点，用该像素点来估计大气光 A。研究者把精准估算大气光的方法作为研究新重点。马坦苏拉米（Matan Sulami，2014）利用分步法估算大气光 A：首先利用几何约束，恢复大气光 A 向量的方向 $A=\hat{A}/\|A\|$；其次使用图像的全局约束求 $\|A\|$。大气光在现有的算法中常常被假设成全局常量，然而在实际中大气光随着雾霾浓度变化而变化。

拉南·法塔尔（Raanan Fattal）提出：具有不少于两个场景反照率大约相同而反照光各异的图像块。在此假设的基础上，试探借助块像素点存在的子空间中寻找这个空间的一对生成向量 z_1^i 与 z_2^i，在该几何约束条件下，建立最优化框架从而估计出 A：

$$\max_A\sum_i \langle A,z_1^i\rangle^2+\langle A,z_2^i\rangle^2 \text{ such that } \|A\|^2=1 \tag{5.50}$$

然而以上最优化模型得到的估算值往往会有误差量的存在，此时易使大气光产生失真。其首要原因为式（5.50）里均为二次项故数学抗干扰能力变弱，故对生成向量 z_1^i 与 z_2^i 的精准性要求极高。在本书中将式（5.50）中空间的生成向量代换为式（5.49）中的全局像素 $D(x_i)$和 $D(x_j)$，这样的代换能够提高向量自身的准确度，则：

$$\max_{A}\sum_{i} < A,D(x_i) >^2 + < A,D(x_j) >^2 such\ that\ \| A \|^2 = 1 \quad (5.51)$$

基于上述考虑，提高大气光 A 估算最优考虑便是增加其约束项，本节采用拉南·法塔尔（Raanan Fattal）对 A 的估计过程进行优化：引入约束 $K(\Omega)$ 进一步得到更加准确的 A。Color－Lines 先验是在局域像素块光滑的假定得到的，利用 Color－Lines 求精准的 A：

$$K(\Omega) = \sigma || A - D < D,A > || [(1 - < D,A >)^2]^{-1} \quad (5.52)$$

其中，D 就是前文求得直接衰减，$K(\Omega)$ 中，Ω 为定义的局部块大小，σ 为噪声水平可以在已知的采集条件（ISO、光圈尺寸和曝光时间等）的情况下调整像素进行设置。

构建估计大气光 A 的算法框架为：

$$\max_{A}\sum_{i} < A,D(x_i) >^2 + < A,D(x_j) >^2 + \xi(K(\Omega)) such\ that\ \| A \|^2 = 1 \quad (5.53)$$

式中，ξ 是调节系数，$0 < \xi < 1$。

§5.3.5 实验结果与分析

1. 参数选取

在对比之前，实验环境和参数选取的具体情况如下：所有算法均在 3.5GHz 主频、4GBRAM 的计算机上搭建的 Matlab R2014a 测试环境下进行仿真。在参数测试实验中所用到的合成图像是从 Frida 数据库中选取的，如图 5－10 所示。图 5－11 在合成雾霾图像的基础上，添加强度为 0.01 的高斯白噪声。图 5－12 和图 5－13 分别描述的是 λ 不同下的处理结果，从式（5.49）中不难发现 λ 直接影响后两项在最小化过程所占比重。经实验可得本书懒惰随机游走框架中的设定 $\lambda = 5$。

图 5-10 模拟库加雾图（a）输入图像，（b）标准图像

资料来源：曲晨，毕笃彦．基于懒惰随机游走的雾天含噪图像清晰化［J］．光学学报，2018，38（4）：103—112.

图 5-11 模拟库加雾加噪图（a）输入图像，（b）标准图像

资料来源：曲晨，毕笃彦．基于懒惰随机游走的雾天含噪图像清晰化［J］．光学学报，2018，38（4）：103—112.

图 5-12 不同 λ 下本书算法处理效果图（a）$\lambda=1$，（b）$\lambda=5$，（c）$\lambda=10$

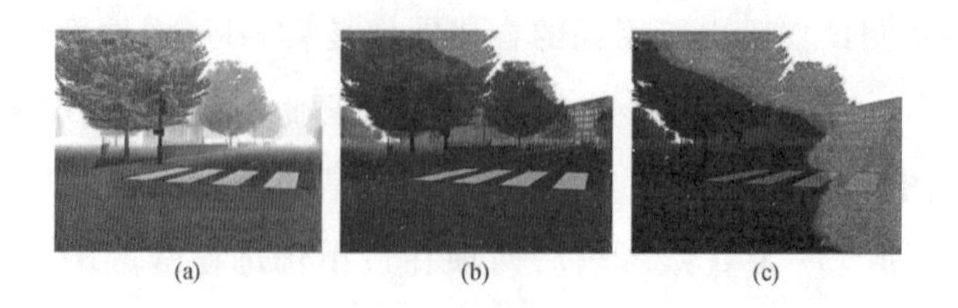

图 5-13 不同 λ 下本书算法处理效果图（a）$\lambda=1$，（b）$\lambda=5$，（c）$\lambda=10$

资料来源：曲晨，毕笃彦．基于懒惰随机游走的雾天含噪图像清晰化［J］．光学学报，2018，38（4）：103—112.

2. 定性分析

第一类对比测试图是真实环境中的雾霾图像，可忽略噪声干扰。各算法进行去雾测试，如图5－14和图5－16所示，而图5－15和图5－17是相应的红框处的细节放大图。其中，“厂房”和“玩偶”这两组测试图分别对应于大景深雾霾图和近景雾霾图。观察图5－15和图5－17可知，在雾霾情况下的大景深雾霾图像和近景雾霾图像，本节算法去雾性能与对照组去雾结果相近似，均能很好地消除雾霾退化影响。但本节算法因抑制了对图像的干扰项，相较其他算法而言，能恢复出更接近真实图像的结构和细节信息。

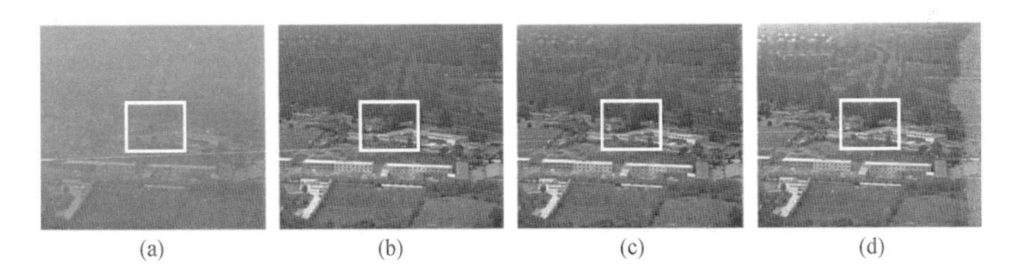

(a) (b) (c) (d)

图5－14 厂房（a）输入图像，（b）§5.2.3去雾结果，（c）吉德什（Jidesh）去雾结果，（d）本节去雾结果

资料来源：曲晨，毕笃彦．基于懒惰随机游走的雾天含噪图像清晰化［J］．光学学报，2018，38（4）：103—112.

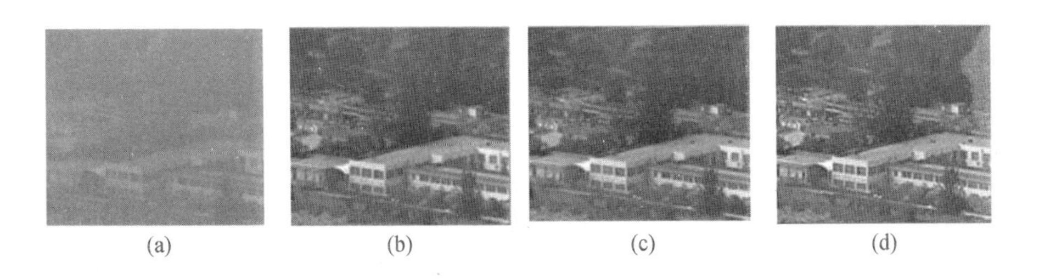

(a) (b) (c) (d)

图5－15 厂房细节放大图（a）输入图像，（b）§5.2.3去雾结果，（c）吉德什（Jidesh）去雾结果，（d）本书去雾结果

资料来源：曲晨，毕笃彦．基于懒惰随机游走的雾天含噪图像清晰化［J］．光学学报，2018，38（4）：103—112.

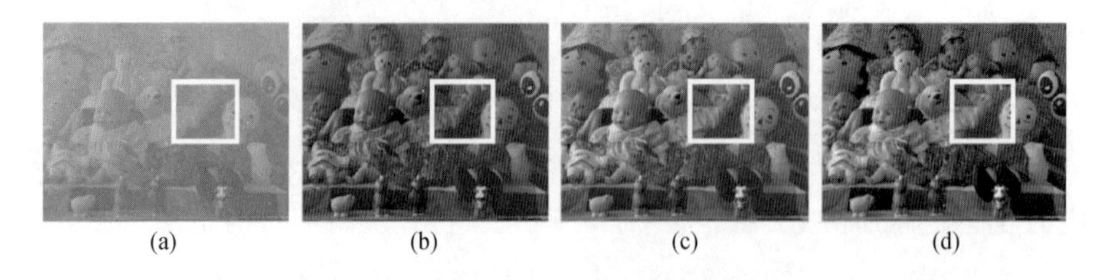

图 5－16　玩偶（a）输入图像，
（b）§5.2.3 去雾结果，（c）吉德什（Jidesh）去雾结果，
（d）本书去雾结果

资料来源：曲晨，毕笃彦．基于懒惰随机游走的雾天含噪图像清晰化［J］．光学学报，2018，38（4）：103—112.

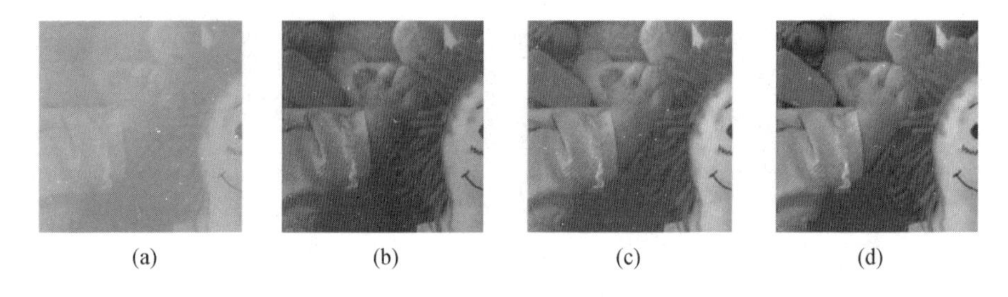

图 5－17　玩偶细节放大图（a）输入图像，
（b）§5.2.3 去雾结果，（c）吉德什（Jidesh）去雾结果，
（d）本书去雾结果

资料来源：曲晨，毕笃彦．基于懒惰随机游走的雾天含噪图像清晰化［J］．光学学报，2018，38（4）：103—112.

第二类是在自然雾霾图像上添加 0.01 高斯白噪声的测试图像。如图 5－18 和图 5－20，§5.2.3 是采用先降噪后去雾进行处理。由于在第一步中噪声被抑制的同时也会模糊细节，最终会丢失重要的细节信息。吉德什（Jidesh）是基于图像双边滤波的思想先去雾后降噪处理，但该处理方式使得结果常伴有噪声不合理地被放大。而本节算法将雾霾与噪声看作干扰项进行抑制，将直接衰减项放入懒惰随机游走构成的最优化能量框架中，实现同步处理，因而能够克服上述现象，在去雾的同时考虑到对初始输入图像噪声以及其他干扰的抑制，对细节信息的保持也较理想，如图 5－19 和图 5－21 所示。

(a)　(b)　(c)　(d)

图 5－18　街角（a）输入图像，（b）§5.2.3 去雾结果，

（c）吉德什（Jidesh）去雾结果，

（d）本节去雾结果

资料来源：曲晨，毕笃彦．基于懒惰随机游走的雾天含噪图像清晰化［J］．光学学报，2018，38（4）：103—112.

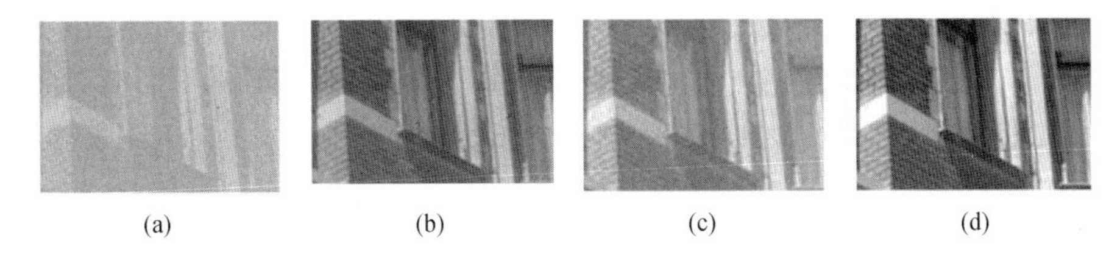

(a)　(b)　(c)　(d)

图 5－19　街角细节放大图（a）输入图像，（b）§5.2.3 去雾结果，

（c）吉德什（Jidesh）去雾结果，

（d）本节去雾结果

资料来源：曲晨，毕笃彦．基于懒惰随机游走的雾天含噪图像清晰化［J］．光学学报，2018，38（4）：103—112.

(a)　(b)　(c)　(d)

图 5－20　楼房（a）输入图像，（b）§ 5.2.3 去雾结果，

（c）吉德什（Jidesh）去雾结果，

（d）本节去雾结果

资料来源：曲晨，毕笃彦　基于懒惰随机游走的雾天含噪图像清晰化［J］．光学学报，2018，38（4）：103—112.

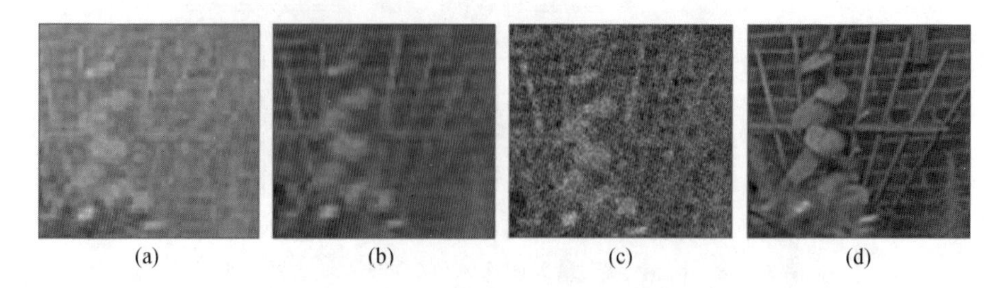

图 5-21 楼房细节放大图（a）输入图像，（b）§5.2.3 去雾结果，（c）吉德什（Jidesh）去雾结果，（d）本节去雾结果

资料来源：曲晨，毕笃彦．基于懒惰随机游走的雾天含噪图像清晰化［J］．光学学报，2018，38（4）：103—112.

如图 5-22 和图 5-24 所示，第三类是对自然雾霾含噪图像进行处理，这类雾霾图像是因为采集图像时环境本身的因素或者雾霾很浓时，易出现噪声且有可能出现其他干扰。§5.2.3 和吉德什（Jidesh）均采用滤波和暗通道的算法分步去除噪声和雾霾。这种情况下，要求暗通道先验准确无误地进行估计，同时分步去噪和去雾时会产生细节模糊或者噪声被放大。而本节算法立足于将间接衰减项视为干扰项，此类干扰包括雾霾、噪声等图像采集过程中产生的干扰，借助雾霾图像退化模型抑制衰减项，利用懒惰随机游走模型求取直接衰减项并且准确估计大气光，避免了先验自身而产生的缺陷，故本节恢复出的图像能有效避免失真而更接近真实图像，如图 5-23 和图 5-25 所示。

图 5-22 小路（a）输入图像，（b）§5.2.3 去雾结果，（c）吉德什（Jidesh）去雾结果，（d）本节去雾结果

资料来源：曲晨，毕笃彦．基于懒惰随机游走的雾天含噪图像清晰化［J］．光学学报，2018，38（4）：103—112.

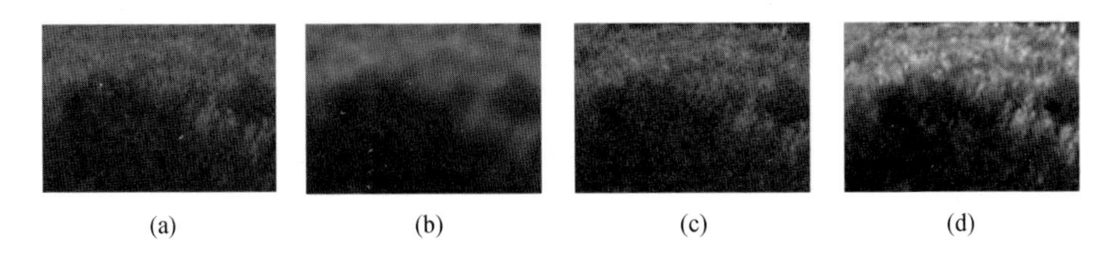

(a)　(b)　(c)　(d)

图 5 - 23　小路细节放大图（a）输入图像，（b）§5.2.3 去雾结果，

（c）吉德什（Jidesh）去雾结果，

（d）本节去雾结果

资料来源：曲晨，毕笃彦．基于懒惰随机游走的雾天含噪图像清晰化［J］．光学学报，2018，38（4）：103—112.

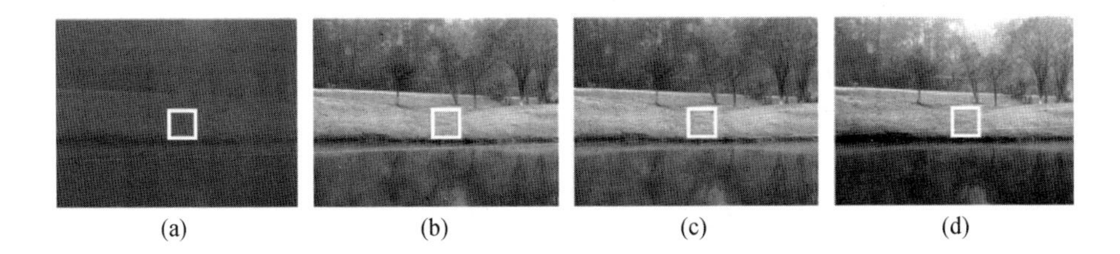

(a)　(b)　(c)　(d)

图 5 - 24　河岸（a）输入图像，（b）§5.2.3 去雾结果，

（c）吉德什（Jidesh）去雾结果，

（d）本节去雾结果

资料来源：曲晨，毕笃彦．基于懒惰随机游走的雾天含噪图像清晰化［J］．光学学报，2018，38（4）：103—112.

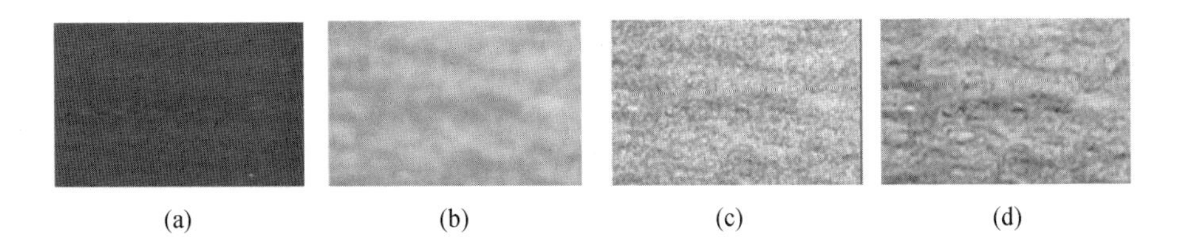

(a)　(b)　(c)　(d)

图 5 - 25　河岸细节放大图（a）输入图像，（b）§5.2.3 去雾结果，

（c）吉德什（Jidesh）去雾结果，

（d）本节去雾结果

资料来源：曲晨，毕笃彦．基于懒惰随机游走的雾天含噪图像清晰化［J］．光学学报，2018，38（4）：103—112.

3. 定量分析

以上主观对比实验中可知，本节算法的普适性较强，针对自然无噪声、人工添加低噪声以及自然噪声的雾霾图像都能得到不错的清晰化结果。同时，如图 5－26 至图 5－29 所示，介绍两类图像质量客观评估标准佐证主观实验结果：无参考图像质量评价子（the No－reference Image Quality Evaluator index，NIQE）和与上节相同的峰值信噪比 PSNR。NIQE 指标是利用局域归一化系数的统计权衡清晰化结果的失真程度。PSNR 表示图像的降噪程度，其值越大表示对噪声的处理越完全。

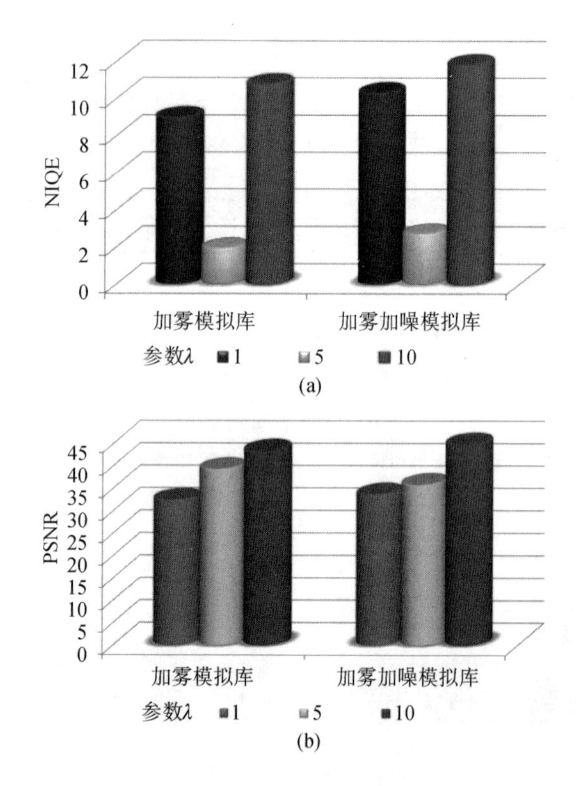

图 5－26 本节算法不同参数下图像去雾后的结果质量评价

（a）NIQE 指标，（b）PSNR 指标

资料来源：曲晨，毕笃彦．基于懒惰随机游走的雾天含噪图像清晰化［J］．光学学报，2018，38（4）：103—112.

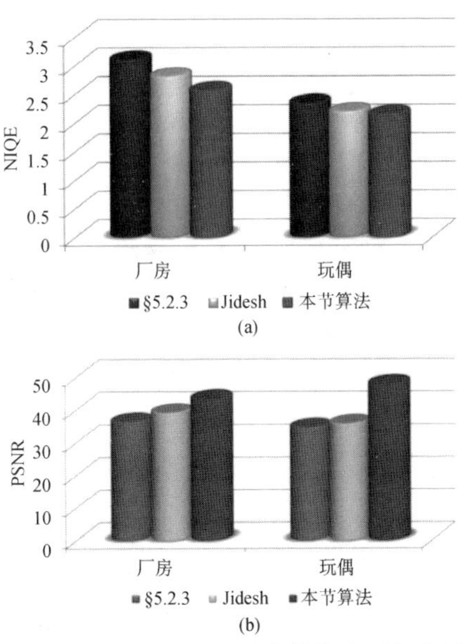

图 5－27　§5.2.3、吉德什（Jidesh）和本节算法图像去雾后的结果质量评价
（a）NIQE 指标，（b）PSNR 指标

资料来源：曲晨，毕笃彦．基于懒惰随机游走的雾天含噪图像清晰化［J］．光学学报，2018，38（4）：103—112.

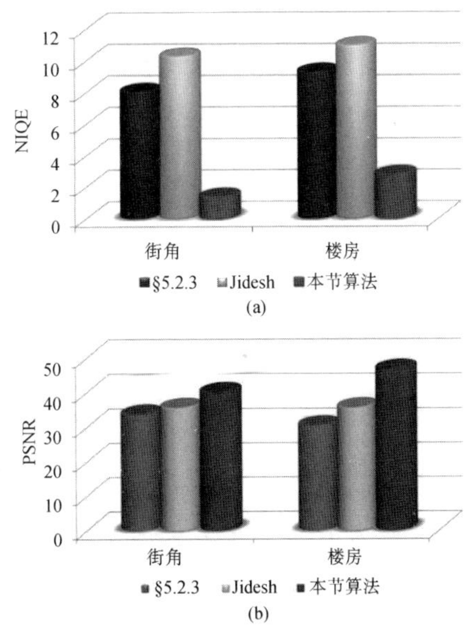

图 5－28　§5.2.3、吉德什（Jidesh）和本节算法图像去雾后的结果质量评价
（a）NIQE 指标，（b）PSNR 指标

资料来源：曲晨，毕笃彦．基于懒惰随机游走的雾天含噪图像清晰化［J］．光学学报，2018，38（4）：103—112.

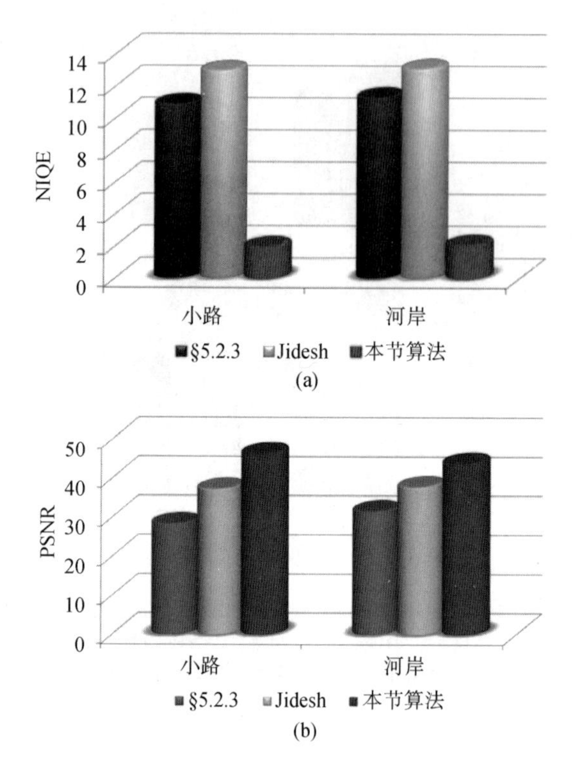

图 5-29　§5.2.3、吉德什（Jidesh）和本节算法图像去雾后的结果质量评价

（a）NIQE 指标，（b）PSNR 指标

资料来源：曲晨，毕笃彦．基于懒惰随机游走的雾天含噪图像清晰化［J］．光学学报，2018，38（4）：103—112.

从以上图表的数据结论可得，无噪雾霾图像情况下，本节算法与其他算法去雾效果大致相同，略有优势；而含噪雾霾图像，特别是自然环境中噪声的雾霾图像，本节算法处理结果比其他两种分步式图像清晰化算法更具优势，并且对于雾霾图像和含噪雾霾图像均有较好的处理结果，该算法具有一定的鲁棒性，再次证明了上节的主观实验结果。

§5.4　本章小结

在自然环境采集图像过程中往往会遇到高斯噪声的干扰，因此含噪雾霾图像清晰化成了图像处理的必要步骤。需协同抑制噪声和雾霾退化的作用，本章第二节采用噪声估计和随机游走滤波进行去噪处理，而后利用何恺明的算法进行去雾处理。实验证明，针对含噪雾霾图像，先去噪后去雾的算法，虽然与何恺明的算法相比有着较好的去噪能力，但是处理结果会出现图像细节信息丢失的问题。本章第三节又建立懒惰随机游走框架抑制间接衰减项，基于几何约束的最优化模型将 Color – Line 算法看作附加约束进一步准确估计大气光，实现同步去雾降噪处理，提升了含噪雾霾图像复原质量。实验结果表明，本节算法较现有分步去雾和去噪算法有了较大提升，但在算法的实时性方面还需要进一步提高。

第6章　智能视觉物联网环境下雾霾图像复原技术应用

§6.1　智能视觉物联网环境下的雾霾图像清晰化体系

目前雾霾天气出现的频率居高不下，智能视觉物联网环境下的安防监控和户外生产都遭受到不同程度的影响。雾霾图像复原技术已逐渐成为智能视觉物联网环境下的图像处理研究重点之一，雾霾图像复原技术旨在将采集到的雾霾图像经过逐步去雾算法的处理，恢复色彩明亮、细节丰富的场景，为智能视觉物联网环境下的图像处理其他需求做准备。然而在复杂的雾霾天气时，智能视觉物联网系统采集到的雾霾图像往往存在一些无法预控的外界原因。这就使得某种单一的图像去雾算法无法完成对复杂成因雾霾图像清晰化处理。本书在随机游走框架下构建智能视觉物联网环境下的雾霾图像清晰化体系，如图6-1所示。

根据图6-1可知，本书利用随机游走框架构建的智能视觉物联网环境下的雾霾图像清晰化体系中包含4个判断选项，对应5类优先级的去雾算法。中间3种随机游走去雾算法是本书给出的去雾算法。智能视觉物联网环境下的雾霾图像复原体系的流程为：第一步，用可见边缘指标预判其输入图像含雾霾与否，如图像不含雾霾，可对该图像进行一般的图像增强法处理，如含雾需进行下一步的去雾算法；第二步，利用§5.2.3中的定量

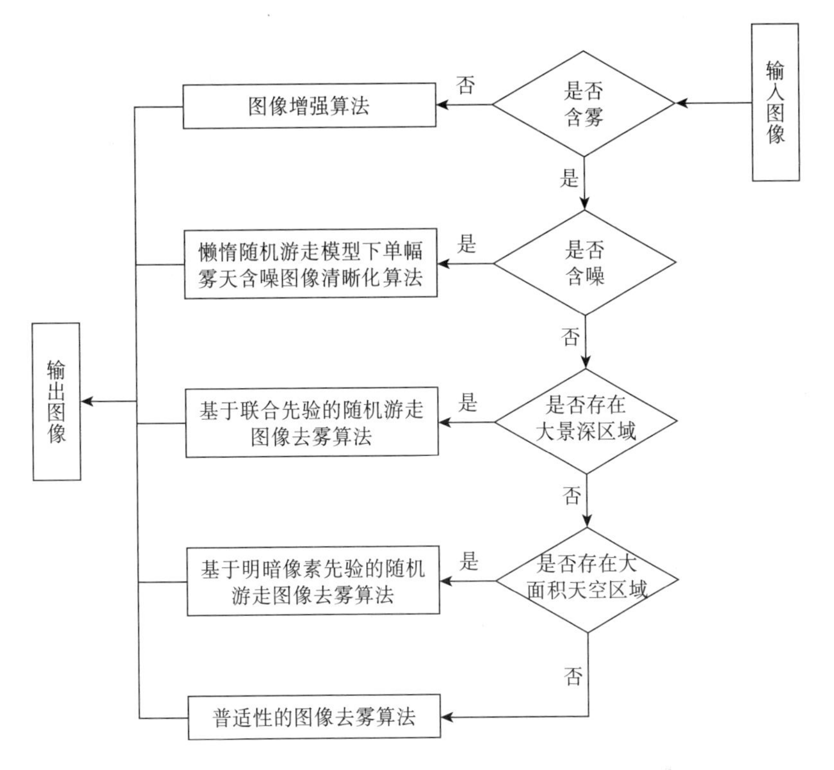

图 6－1　智能视觉物联网环境下的雾霾图像清晰化体系

资料来源：作者自行设计

分析估计雾霾图像的噪声水平，若该处理图像被判定含噪雾霾图像，则利用 § 5.3 提出的基于懒惰随机游走的含噪雾霾图像清晰化的算法处理，该算法能有效去除雾霾及采集雾霾图像过程中产生噪声等干扰项；第三步，如果雾霾图像含大景深场景，则利用 § 4.3 提出的基于联合先验和随机游走框架的图像去雾法处理雾霾图像，该算法处理近景和远景都有着较好的表现；第四步，使用 Yunan Li 自适应估计天空区域面积，其检测的值较大，则可利用第 3 章提出的基于明暗像素先验的图像去雾算法处理含天空区域雾霾图像，若该值较小则认为该雾霾图像的天空区域在去雾过程中影响小到可以忽略（Yunan Li 等，2016）；第五步，如果该雾霾图像不包含大面积天空区域、大景深以及不含噪，则使用普适性的去雾算法。在下一节中，围绕智能视觉物联网环境下的雾霾图像复原技术的相关应用，即交通监视中雾霾天气在交通场景的图像复原、环境监测中雾霾天气在遥感图像复原和智慧城市中雾霾天气时航拍图像复原三个方面分别开展研究，以探讨此智能视觉物联网环境下的雾霾图像复原技术在具体应用场景下的有效性和实用性。

§6.2 智能视觉物联网环境下的雾霾图像复原技术应用

§6.2.1 智能视觉物联网环境下的雾霾图像复原技术交通监视方面应用

智能视觉物联网环境下的交通监视系统的主要作用是对交通监控设备传回的道路交通图像信息进行处理和分析，进而对道路交通情况进行实时处理和分析。及时采集交通道路信息，其中包括实时交通流量、车流时速、行车间距、道路车辆主要类别等，能够更好地判断道路交通实时状况，如可根据实时交通通畅状态，调整交通方案并实时发出交通控制指令，进而控制交通信号，对当前拥堵道路进行实时疏导。

在此过程中如遇到雾霾天气时，由于能见度大幅降低，在司机开车的过程中车速将会放缓。同时雾霾天气发生车辆违章和交通事故的频率则会明显增加。此时智能视觉物联网环境下的交通监视系统就凸显出其作用，然而如该系统采集到的图像质量大幅下降，将会影响该系统的正常工作。故对智能视觉物联网环境下的交通监视系统进行雾霾图像清晰化就显得尤为重要。

经观察发现智能视觉物联网环境下的交通监视系统中采集到的图像会包含大面积天空区域且为大景深图像，结合 §6.1 构建的智能视觉物联网环境下的雾霾图像清晰化体系不难发现，适用本书提出的基于明暗像素先验的随机游走雾霾图像清晰化算法，该算法对存在大面积天空区域的图像适应性高。亦可使用本书提出的基于联合先验的随机游走雾霾图像清晰化算法，该算法能够同时处理远景和近景中的雾霾，尤其是远景中的雾霾，使雾霾图像复原效果更佳。因为采集的雾霾图像来自智能视觉物联网环境下的交通监视系统中，故对于雾霾图像的恢复并不需要恢复天空区域的信息，而更需要得到远景信息。故在智能视觉物联网环境下的交通监视系统中采用图6－1智能视觉物联网环境下的雾霾图像清晰化体系中的第三步即可。

经实验对比和分析可知，在图6－2中智能视觉物联网环境下的交通监视系统采集到的雾霾图像以及经过第三步基于联合先验的随机游走雾霾图像清晰化算法。从实验图像中可知，图6－2中的（a）和（c）为大景深道路的雾霾图像，图（b）和（d）为去雾后的图像。因该算法满足远景和近景皆不失真的去雾算法。首先，基于HSV模型提出饱和度先验，并以颜色衰减先验获取的介质传输图调整饱和度先验获取介质传输图的大面积天空区域和白色区域；其次，利用随机游走模型对由联合先验介质传输图的粗估计进行优化求解。故图（b）和（d）在中景和远景处去雾效果好，尤其是图（d）不但复原了大景深处的交通道路线，而且还较好地复原了中景处交通标识牌的内容。故智能视觉物联网环境下的雾霾图像清晰化体系在交通监视系统中有效且效果较理想。

(a)　(b)　(c)　(d)

图6－2　智能视觉物联网环境下的交通监视系统雾霾图像及复原图像

资料来源：（a）http：//www. xinhuanet. com/（b）实验处理图片

（c）http：//www. JSCHINA. COM. CN（d）实验处理图片

§6.2.2 智能视觉物联网环境下的雾霾图像复原体系环境监测方面应用

近年来席卷我国大部分地区的雾霾天气现象的增多，引发了公众对空气质量的担忧，同时也暴露出我国环境监测体系存在的问题，这表明我国增强环境监测能力和加快其社会化建设的必要性和紧迫性。各地环保局为适应现代化监测监控的需要，运用科技、法律、行政的手段，提高城市的环境质量，重点实现辖区大气、水质、土壤等要素环境质量的实时监测；对主要工业污染源在线监测；对主要污染处理设施运行状况做到实时有效的监控，快速响应突发环境污染等功能，纷纷都建立了环境质量监测中心及应急指挥中心。

环保检测系统前端数据通过各系统采集并传输到市、区应急监测中心。应急监测中心管理平台由数据库服务器、存储服务器、管理服务器、报警服务器、调度控制服务器、流媒体服务器、Web 服务器、显示服务器和其他应用服务器组成。其中在流媒体服务器中针对采集到的图像进行图像处理，又因为智能视觉物联网环境下的环境监控系统中采集到的图像主要是遥感和航拍类图像，结合 §6.1 构建的智能视觉物联网环境下的雾霾图像清晰化体系不难发现，适用本书提出的提出的基于联合先验的随机游走雾霾图像清晰化算法，该算法能够同时处理远景和近景中的雾霾，尤其是远景中的雾霾，使雾霾图像复原效果更加，亦可使用本书中的懒惰随机游走图像清晰化算法，此算法在懒惰随机游走的框架下可同时去雾去噪。因为采集的雾霾图像来自智能视觉物联网环境下的环境检测系统中，故对于同时去噪去雾的需求更强。在智能视觉物联网环境下的交通监视系统中采用图 6－1 智能视觉物联网环境下的雾霾图像清晰化体系中的第二步即可。

经实验对比和分析可知，在图 6－3 中智能视觉物联网环境下的环境监测系统采集到的雾霾图像以及经过第二步基于联合先验的随机游走雾霾图像清晰化算法。从实验图像中可知，图6-3中的（a）和（c）为航拍和遥感类的雾霾图像，图（b）和（d）为去雾后的图像。因该算法满足同时去雾去噪算法，建立懒惰随机游走框架抑制间接衰减项，基于几何约束的最优化模型将Color-Line算法看作附加约束进一步准确估计大气光，实现同步去雾降噪处理，提升了含噪雾霾图像复原质量。故图（b）和（d）在清晰化后的图像质量大幅提升，观察复原后的图（b）和（d）不难发现，对土壤、植被、水体的复原效果好，能够满足环境检测需求，可知该算法在实际应用中有效。

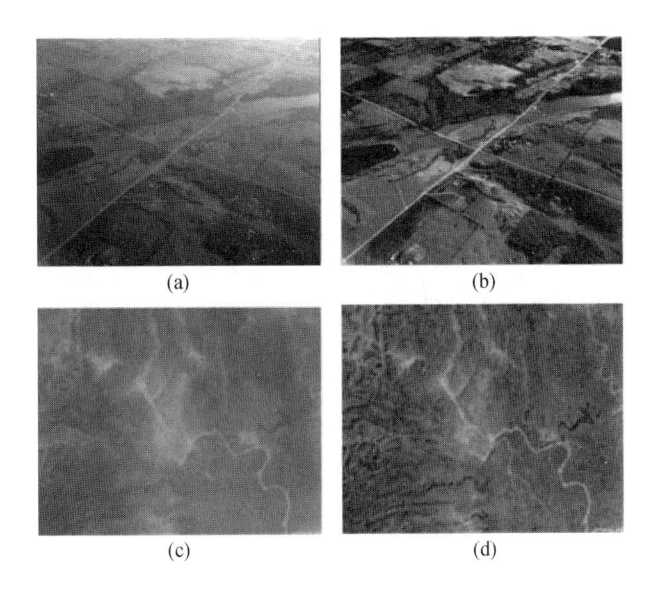

图6-3　智能视觉物联网环境下的环保检测系统雾霾图像及复原图像

资料来源：http：//www. cs. huji. ac. il/~raananf/.

参考文献

[1] 芮义斌，李鹏，孙锦涛．基于色彩恒常理论的图像去雾技术[J]．南京理工大学学报，2006，30（5），622—625.

[2] 张新龙，汪荣贵，张璇．基于视觉区域划分的雾天图像清晰化方法［J]．电子测量与仪器学报，2010，24（8）：755—762.

[3] 曹永妹，张尤赛．图像去雾的小波域 Retinex 算法［J]．江苏科技大学学报，2014，28（1）：50—55.

[4] 陈书贞，任占广，练秋生．基于改进暗通道和导向滤波的单幅图像去雾算法［J]．自动化学报，2016，42（3）：445—465.

[5] 黄黎红．单幅图像的去雾新算法［J]．光子学报，2011，40（9）：1419—1422.

[6] 禹晶，李大鹏，廖庆敏．基于物理模型的快速单幅图像去雾方法[J]．自动化学报，2011，37（2）：143—149.

[7] 庞春颖，嵇晓强，孙丽娜等．一种改进的图像快速去雾新方法[J]．光子学报，2013，42（7）：872—877.

[8] 郭璠．图像去雾方法和评价及其应用研究［D]．中南大学，2012.

[9] 马志强，赵秀娟，孟伟雾等．雾霾对北京地区大气能见度影响对比分析［J]．环境科学研究，2012，25（11）：1208—1214.

[10] 禹晶，徐东彬，廖庆敏．图像去雾技术研究进展［J]．中国图

像图形学报，2011，16（9）：1561—1576.

［11］李彦丽，金东瀚，焦秉立．几种典型的感知视频质量评价模型［J］．计算机工程与应用，2002，13（10）：66—68.

［12］嵇晓强．图像快速去雾与清晰度恢复技术研究［D］．长春：中国科学院长春光学精密机 械与物理研究所，2012.

［13］刘长盛，刘文宝．大气辐射学［M］．南京：南京大学出版社，1990.

［14］李大鹏，禹晶，肖创柏．图像去雾的无参考客观质量评测方法［J］．中国图形图像学报，2011，16（9）：1753—1757.

［15］吴迪，朱青松．图像去雾的最新研究进展［J］．自动化学报，2015，41（2）：221—239.

［16］郭璠，蔡自兴．图像去雾算法清晰化效果客观评价方法［J］．自动化学报，2012，38（9）：1410—1419.

［17］赵宏宇．雾天图像清晰化技术的研究［D］．北京工业大学，2015.

［18］肖柳青，周石鹏．随机模拟方法与应用［M］．北京：北京大学出版社，2014.

［19］李权合．雾霾退化图像场景再现技术研究［D］．空军工程大学．2014.

［20］徐晓华．图上的随机游走学习［D］．南京航空航天大学，2008.

［21］龚紫云．基于随机游走实现的快速 NLM 图像、视频去噪［D］．天津大学，2009.

［22］张登银，鞠铭烨，王雪梅．一种基于暗通道先验的快速图像去雾算法［J］．电子学报，2015，43（7）：1437—1443.

［23］方帅，王勇，曹洋等．单幅雾天图像复原［J］．电子学报，2010，38（10）：2219—2284.

［24］周雨薇，陈强，孙权森等．结合暗通道原理和双边滤波的遥感图

像增强 [J]. IEEE Transactions on Image Processing, 2014, 19 (2): 313—321.

[25] 饶瑞中. 现代大气光学 [M]. 北京: 科学出版社, 2012.

[26] 张文耀, 蒋凌霜. 基于HSV颜色模型的二维流场可视化 [J]. 北京理工大学学报, 2010, 30 (3): 302—306.

[27] 邵慧娟. 常用颜色模型 [J]. 电子世界, 2013 (2): 57—58.

[28] 胡学友. 雾天降质图像的增强复原算法研究 [D]. 安徽大学, 2011.

[29] 方帅, 王峰, 占吉清等. 单幅雾天图像的同步去噪与复原 [J]. 模式识别与人工智能, 2012, 25 (1): 136—142.

[30] 王保平, 范九伦, 谢维信等. 基于直方图的自适应高斯噪声滤波器 [J]. 系统工程与电子技术, 2004, 26 (1): 1—4.

[31] 曾孝平, 刘刈, 刘国金. 基于图谱理论和随机游走核的图像去噪 [J]. 通信学报, 2010, 31 (7), 116—121.

[32] 黄小乔, 石俊生, 杨健. 基于色差的均方误差与峰值信噪比评价彩色图像质量研究 [J]. 光子学报, 2007 (36): 295—298.

[33] 柳薇. SVD域的图像高斯噪声强度估计 [J]. 中国图像图像学报, 2012, 17 (8): 923—933.

[34] 南栋, 毕笃彦, 马时平, 凡遵林, 何林远. 基于分类学习的去雾后图像质量评价算法 [J]. 自动化学报, 2016, 42 (2): 270—278.

[35] 曲晨, 毕笃彦, 严盛文, 何林远. 基于明暗像素先验的随机游走图像去雾 [J]. 系统工程与电子技术, 2017, 39 (10): 2368—2375.

[36] 曲晨, 毕笃彦. 基于懒惰随机游走的雾天含噪图像清晰化 [J]. 光学报, 2018, 38 (4): 103—112.

[37] L. C. Bao, Y. B. Song, Q. X. Yang, et al. An edge - preserving filtering framework for visibility restoration [C]. In Proceedings of International Conference on Pattern Recognition (ICPR), 2012: 384—387.

[38] R. Fattal. Dehazing using color - lines [J]. ACM Transactions on Graphics, 2014 (34): 1—13.

[39] Q. S. Zhu, J. Mai, L. Shao. A Fast Single Image Haze Removal Algorithm Using Color Attenuation Prior [J]. IEEE Transactions on Image Processing, 2015, 24 (11): 3522—3533.

[40] Y. H. Lai, Y. L. Chen, C. J. Chiou, et al. Single Image Dehazing Via Optimal Transmission Map Under Scene Priors [J]. IEEE Transactions on Circuits & Systems for Video Technology, 2014, 25 (1): 1—14.

[41] D. Berman, T. Treibitz and S. Avidan. Non - Local Image Dehazing [C]. In Proceedings of Computer vision and pattern recognition, 2016: 1674—1682.

[42] K. Tang, J. C. Yang and J. Wang. Investigating haze - relevant features in a learning framework for image dehazing [C]. In Proceedings of the 2014 IEEE Conference on Computer Vision and Pattern Recognition, 2014: 2995—3002.

[43] B Cai, X. M. Xu, K. Jia, C. M. Qing, D. C. Tao. DehazeNet: An End - to - End System for Single Image Haze Removal [J]. IEEE Transactions on Image Processing, 2016, 25 (11): 5187—5198.

[44] R. He, Z. Wang, H. Xiong, et al. Single Image Dehazing with White Balance Correction and Image Decomposition [C]. In Proceedings of International Conference on Digital Image Computing Techniques and Applications. 2012: 1—7.

[45] T. H. Kil, S. H. Lee, N. I. Cho. A dehazing algorithm using dark channel prior and contrast enhancement [C]. In Proceedings of international conference on acoustics, speech, and signal processing, 2013: 2484—2487.

[46] Y. Y. Schechner, S. G. Narasimhan and S. K. Nayar. Polarization - based vision through haze [J]. Applied Optics, 2003, 42 (3): 511—525.

[47] D. Park, D. K. Han and H. Ko. Single image haze removal with WLS - based edge - preserving smoothing filter [C]. In Proceedings of IEEE International Conference on Acoustics, Speech and SignalProcessing, 2013: 2469—2473.

[48] X. Fan, Y Wang, R Gao, et al. Haze editing with natural transmission [J]. The Visual Computer, 2016, 32 (1): 137—147.

[49] S. Shwartz, E. Namer and Y. Schechner. Blind haze separation [C]. In Proceedings of IEEE International Conference on Computer vision and pattern recognition, 2006: 1984—1991.

[50] S. C. Lin, C. Y. Wong, M. A. Rahman, et al. Image enhancement using the averaging histogram equalization (AVHEQ) approach for contrast improvement and brightness preservation [J]. Computers & Electrical Engineering, 2015 (46): 356—370.

[51] H. B. Chang, K. N. Michael, W. Wang, et al. Retinex image enhancement via a learned dictionary [J]. Optical Engineering, 2015, 54 (1): 013107—013107.

[52] I. B. Arnawa. Image enhancement using homomorphic filtering and adaptive median filtering for balinese papyrus [J]. International Journal of Advanced Computer Science and Applications, 2015, 6 (8): 250—255.

[53] D. Haskel, B. Ravel, M. Newville, et al. Single and multiple scattering XAFS in BaZrO 3 : A comparison between theory and experiment [J]. Physica B Condensed Matter, 1995: 151—153.

[54] C. C. Lam, P. T. Leung and K Young. Explicit asymptotic formulas for the positions, widths, and strengths of resonances in Mie scattering [J]. Journal of the Optical Society of America B, 1992, 9 (9): 1585—1592.

[55] S. Nie, Emory S R. Probing Single Molecules and Single Nanoparticles by Surface - Enhanced Raman Scattering [J]. Science, 1997, 275 (5303):

1102—1106.

[56] Y. Harada, T Asakura. Radiation forces on a dielectric sphere in the Rayleigh scattering regime [J]. Optics Communications, 1996, 124 (5): 529—541.

[57] D. L. Colton, R. Kress. Integral equation methods in scattering theory [J]. Integral Equation Methods in Scattering Theory, 1983 (3): 307.

[58] W. Middleton. Vision through the atmosphere [M]. Toronto: University of Toronto Press, 1952.

[59] N. Unaldi, S. Temel and S. Demirci. Undecimated Wavelet Transform Based Contrast Enhancement [J]. International Journal of Computer, Electrical, Automation, Control and Information Engineering, 2013, 7 (9): 1215—1218.

[60] T. K. Kim, J. K. Paik and B. S. Kang. Contrast enhancement system using spatially adaptive histogram equalization with temporal filtering [J]. IEEE Transactions on Consumer Electronics, 1998, 44 (1): 82—87.

[61] H. Koschmieder. Theorie der horizontalen sichewite [J]. Beitr. Phys. Atmos, 1924 (12): 33—53.

[62] Z. Wang, A. C. Bovik, H. R. Sheikh, et al. Image quality assessment: from error visibility to structural similarity [J]. IEEE Transactions on Image Processing, 2004, 13 (4): 600—612.

[63] T. Mei, X. S. Hua, C. Z. Zhu, et al. Home video visual quality assessment with spatiotemporal factors [J]. IEEE Transactions on Circuits and Systems for Video Technology, 2007, 17 (6): 699—706.

[64] M. Carnec, L. E. Callet and D. Barba. Objective quality assessment of color image based on a generic perceptual reference [J]. Image Communication, 2008, 23 (4): 239—256.

[65] N. Hautiere, J. P. Tarel, D. Aubert, et al. Blind contrast enhance-

ment assessment by gradient ratioing at visible edges [J]. Image Analysis & Stereology Journal, 2011, 27 (2): 87—95.

[66] T. Sun, C. Z. Gao. An Improved Canny Edge Detection Algorithm [J]. Applied Mechanics and Materials, 2013, 291 (1): 2869—2873.

[67] J. Y. Kim, L. S. Kim and S. H. Hwang. An advanced contrast enhancement using partially overlapped sub - block histogram equalization [J]. IEEE Transactions on Circuits and Systems for Video Technology, 2001, 11 (4): 475—484.

[68] E. H. Land. The Retinex [J]. American Scientist, 1964, 52 (2): 247—264.

[69] A. I. Alfuqaha, M. Guizani and M. Mohammadi. Internet of Things: A Survey on Enabling Technologies, Protocols, and Applications [J]. IEEE Communications Surveys and Tutorials, 2015, 17 (4): 2347—2376.

[70] Q. Li, H. Cheng, Y. Zhou and G. Huo. Road Vehicle Monitoring System Based on Intelligent Visual Internet of Things [J]. Journal of Sensors, 2015: 1—16.

[71] N Hautiere, R Labayrade and D Aubert. Real - time disparity contrast combination for onboard estimation of the visibility distance [J]. IEEE Transactions on Intelligent Transportation Systems, 2006, 7 (2): 201—212.

[72] K. Pearson. The Problem of the Random Walk [J]. Nature, 1905, 72 (1856): 294—294.

[73] L. Lovász. Random walks on graphs: a survey [J]. In Combinatorics, Paul Erdos is eighty, 1993 (2): 353—397.

[74] D. Aldous, J. Fill. Reversible Markov Chains and Random Walks on Graphs. online version available at https: //www. stat. berkeley. edu/ ~ aldous/ RWG/book. pdf.

[75] M. Bramson, R. Durrett. Random Walk in Random Environment: A

Counterexample? [J] . Communications in Mathematical Physics, 1988, 119 (2): 199—211.

[76] I. Yoon, J. Jeon and J. Lee. Weighted image defogging method using statistical RGB channel feature extraction [C]. In Proceedings of SoC Design Conference, 2010: 34—35.

[77] H. f. Qian, S. R. Nassif, and S. S. Sapatnekar. Power grid analysis using random walks [J]. IEEETransactions on Computer - Aided Design of Integrated Circuits and Systems, 2005, 24 (8): 1204—1224.

[78] P. G. Doyle, J. L. Snell. Random walks and electric networks [J]. ArXiv: Probability, 2011 (16): 259—265.

[79] A. K. Chandra, P. Raghavan, W. L. Ruzzo, et al. The electrical resistance of a graph captures its commute and cover times [J]. Compiler construction, 1996, 6 (4): 312—340.

[80] J. Weston, A. Elisseeff, D. Zhou, et al. Noble, Protein ranking: From local to global structure in the protein similarity network [J]. Proceedings of the National Academy of Sciences of the United States of America, 2004, 101 (17): 6569—6563.

[81] S. Wasserman, K. Faust. Social Network Analysis: Methods and Applications [J]. American Ethnologist, 1994, 24 (1): 219—220.

[82] M. Newman. A Measure of Betweenness Centrality Based on Random Walks [J] Social Networks, 2005, 27 (1): 39—54.

[83] M. Szummer, T. Jaakkola. Partially labeled classification with Markov random walks [C]. In Proceedings of neural information processing systems, 2002 (14): 945—952.

[84] D. Zhou, J. Huang and B. Scholkopf. Learning from Labeled and Unlabeled Data on a Directed Graph [C]. In Proceedings of international conference on machine learning, 2005: 1041—1048.

[85] N. Tishby, N. Slonim. Data clustering by Markovian relaxation and the information bottleneck method [C]. In Proceedings of neural information processing systems, 2001: 640—646.

[86] D. Harel, Y. Koren. On Clustering Using Random Walks [J]. Foundations of software technology and theoretical computer science, 2001: 18—41.

[87] L. Grady. Multilabel random walker image segmentation using prior models [C]. In Proceedings of IEEE Computer Society Conference on Computer Vision and Pattern Recognition, 2005: 763—770.

[88] L. Grady. Random Walks for Image Segmentation [J]. IEEE Transactions on Pattern Analysis and Machine Intelligence, 2006, 28 (11): 1768—1783.

[89] B. Smolks, K. Wojciechowski. Contrast Enhancement of Gray Scale Images Based on the Random Walk Model [J]. Computer analysis of images and patterns, 1999: 411—418.

[90] N. Azzabou, N. Paragios and F. Guichard. Random walks, constrained multiple hypothesis testing and image enhancement [C]. In Proceedings of European conference on computer vision, 2006: 379—390.

[91] B. Smolks, K. Wojciechowski. Edge preserving image smoothing on self avoiding random walk [C]. In Proceedings of International Conference on Pattern Recognition. 2000: 664—667.

[92] B. Smolks, K. Wojciechowski. Random walk approach to image enhancement [J]. Signal Processing, 2001, 81 (3): 465—482.

[93] J. A. Bondy. Graph Theory With Applications [M]. Elsevier Science Ltd. Oxford, UK, 1976.

[94] C. O. Ancuti, C. Ancuti. Single Image Dehazing by Multi - Scale Fusion [J]. IEEE Transactions on image processing, 2013, 22 (8): 3271—3282.

[95] A. J. Smola, R. Kondor. Kernels and Regularization on Graphs [C]. In Proceedings of conference on learning theory, 2003: 144—158.

[96] F. R. K. Chung. Spectral graph theory [M]. Washington: Conference Board of the Mathematical Sciences, 1997.

[97] D. M. Cannell, N. J. Lord. George Green, Mathematician and physicist [M]. Math. Gazette , 1993.

[98] F. Chung, S. Yau. Discrete Green's Functions [J]. Journal of Combinatorial Theory Intelligencer, 2000, 91 (1): 191—214.

[99] Z. B. Wang, H. Wang, X. G. Sun, et al. An Image Enhancement Method Based on Edge Preserving Random Walk Filter [C]. In Proceedings of International conference on intelligent computing, 2015: 433—442.

[100] L. K. Choi, J. You and A. C. Bovik. Referenceless perceptual image defogging [C]. In Proceedings of IEEE Southwest Symposium on Image Analysis and Interpretation (SSIAI), 2014: 165—168.

[101] G. Liu, X. Zeng and Y. Liu. Image denoising by random walk with restart kernel and non - subsampled contourlet transform [J]. Iet Signal Processing, 2012, 6 (2): 148—158.

[102] L. Grady, G. F. Lea. Multi - Label Image Segmentation for Medical Applications Based on Graph - Theoretic Electrical Potentials [J]. In Proceedings of the 8th ECCV04, Workshop on Computer Vision Approaches to Medical Image Analysis and Mathematical Methods in Biomedical Image Analysis, 2004: 230—245.

[103] M. D. Collins, J. Xu, L. Grady, et al. Random Walks based Multi - Image Segmentation: Quasiconvexity Results and GPU - based Solutions [C]. In Proceedings of Computer vision and pattern recognition, 2012: 1656—1663.

[104] F. T. Chan, J. H. Shen. Image processing and analysis: Variational, PDE, Wavelet and Stochastic methods [M]. Science press in Beijing, 2005.

[105] R. Tan. Visibility in bad weather from a single image [C]. In Proceedings of IEEE Conference on Computer Vision and Pattern Recognition, 2008: 1—8.

[106] E. J. McCartney, Freeman F. Hall. Optics of the Atmosphere: Scattering by Molccules and Particles [J]. Physics Today, 1977, 30 (5): 76—77.

[107] K. M. He, J. Sun and X. Tang. Guided image filtering [C]. In Proceedings of the 11th European Conference on Computer Vision, 2011: 1—14.

[108] J. P. Oakley, B. L. Satherley. Improving image quality in poor visibility conditions using a physical model for contrast degradation [J]. IEEE Transactions on Image processing, 1998, 7 (2): 167—179.

[109] T. M. Bui, H. N. Tran, W. Kim, et al. Segmenting dark channel prior in single image dehazing [J]. IET Transactions on Electronics Letters, 2014, 50 (7): 516—518.

[110] S. K. Nayar, S. G Narasimhan. Vision in bad weather [C]. In Proceedings of the7th IEEE International Conference on Computer Vision. 1999: 820—827.

[111] Levin A, Lischinski D, and Weiss Y. A closed form solution to natural image matting [C]. In Proceedings of the 2006 IEEE Conference on Computer Vision and Pattern Recognition, New York, USA, IEEE Computer Society, 2006: 61—68.

[112] D B Xu, C B Xiao, J Yu. Color – preserving defog method for foggy or hazy scenes [C]. In Proceedings of the 4th International Conference on Computer Vision Theory and Application. Algarve, Portugal: IEEE, 2009: 69—73.

[113] K B Gibson, T Q Nguyen. Hazy image modeling using color ellipsoids [C]. international conference on image processing, 2011: 1861—1864.

[114] L. Caraffa, J. P. Tarel. Markov random field model for single image

defogging [J]. IEEE Intelligent Vehicle Symposium, 2013: 994—999.

[115] R. Szeliski, R. Zabih and D. Scharstein. A comparative study of energy minimization methods for markov random fields [J]. european conference on computer vision, 2006 (2): 16—29.

[116] S. G. Narasimhan, S. K. Nayar. Vision and the atmosphere [J]. International Journal of Computer Vision, 2002, 48 (3): 233—254.

[117] J. M. Hanmmersley, P. Clifford. Markov field on finite graphs and lattices [M]. Unpublished, 1971.

[118] Y. W. Teh, M. Welling, S. Osindero, et al. Energy - based models for sparse overcomplete representations [J]. Journal of Machine Learning Research, 2003 (4): 1235—1260.

[119] J. Besag. On the statistical analysis of dirty pictures [J]. Journal of the Royal Statistical Soc. Series B, 1986, 48 (3): 259—302.

[120] A. Srivastava, A. B. Lee, E. P. Simoncelli, et al. On advances in statistical modeling of natural images [J]. Journal of Mathematical Imaging and Vision, 2003, 18 (1): 17—33.

[121] J. Portilla, V. Strela, M. J. Wainwright, et al. Image denoising using scale mixtures of Gaussians in the wavelet domain [J]. IEEE Trans. Image Process, 2003, 12 (1): 1338—1351.

[122] S. G. Narasimhan, S. K. Nayar. Contrast Restoration of Weather Degraded Images [J]. IEEE Transactions on Pattern Analysis and Machine Intelligence, 2003, 25 (6): 713—724.

[123] J. Kopf, B. Neubert, B. Chen, et al. Deep photo: model - based photograph enhancement and viewing [J]. Acm Transactions on Graphics, 2008, 27 (5): 32—39.

[124] A. Mittal, A. K. Moorthy and A. C. Bovik. No - reference image quality assessment in the spatial domain [J]. IEEE Transactions on Image Process-

ing, 2012, 21 (12): 4695—4708.

[125] P. Carr, R. Hartley. Improved single image dehazing using geometry [J]. Digital Image Computing: Techniques and Applications, 2009 (12): 103—110.

[126] X. Lan, L. Zhang, H Shen, et al. Single image haze removal considering sensor blur and noise [J]. Journal on Advances in Signal Processing, 2013, 2013 (1): 1—13.

[127] Y. Wang, B. Wu. Improved single image dehazing using dark channel prior [C]. In Proceedings of international conference on intelligent computing, 2010: 789—792.

[128] P Jidesh, A. A. Bini. An Image Dehazing model considering multiplicative noise and sensor blur [J]. Journal of Computational Engineering, 2014: 1—9.

[129] E. Matlin, P. Milanfar. Removal of haze and noise from a single image [C]. In Proceedings of SPIE Conference on Computational Imaging, 2012: 82—96.

[130] Z. C. Jiang, B. P. Guo. Streak Image denoising and segmentation using adaptive Gaussian guided filter [J]. Applied Optics, 2014, 53 (26): 5985—5994.

[131] X. B. Zhang, X. C. Feng, W. W. Wang, et al. Gradient - based wiener filter for image denoising [J]. Computers & Electrical Engineering, 39 (3): 934—944.

[132] C. Tomasi, R. Manduchi. Bilateral filtering for gray and color images [C]. In Proceedings of IEEE International Conference on Computer Vision, 1998: 839—846.

[133] H. K. Ranota, P. Kaur. A new single image dehazing approach using modified dark channel prior [J]. Springer international publishing, 2015

(320): 77—85.

[134] J. Geusebroek, A. W. Smeulders, V. D. Weijer. Fast anisotropic Gauss filtering [J]. IEEE Transactions on Image Processing, 2003, 12 (8): 938—943.

[135] G. G. Rigatos. Particle Filtering for State Estimation in Nonlinear Industrial Systems [J]. IEEE Transactions on Instrumentation and Measurement, 2009, 58 (11): 3885—3900.

[136] A. Chambolle. Partial differential equations and image processing [C]. In Proceedings of international conference on image processing, 1994 (1): 16—20.

[137] J. J. Koenderi. The structure of images [J]. Biological Cybernetics, 1984, 50 (5): 363—370.

[138] J. Weickert. Coherence - Enhancing Shock Filters [J]. International Journal of computer vison, 1999, 31 (2): 111—127.

[139] G. Gilboa, N. Sochen and Y. Y. Zeevi. Image enhancement and denoising by complex diffusion processes [J]. IEEE Transaction on pattern analysis and machine intelligence, 2004, 26 (8): 1020—1036.

[140] R. Fattal. Single image defogging [J]. ACM Trans. Graph, 2008, 27 (3): 1—9.

[141] Z. Farbman, R. Fattal, D. Lischinski, et al. Edge - preserving decompositions for multi - scale tone and detail manipulation [J]. international conference on computer graphics and interactive techniques , 2008, 27 (3): 1—7.

[142] N. Biggs. Algebraic potential theory on graphs [J]. Bulletin of The London Mathematical Society, 1997, 29 (6): 641—682.

[143] S. B. Hazra. Large - Scale PDE - Constrained Optimization in Applications [C]. In Proceedings of LNACM, 2010 (49): 1—4.

[144] R. D. Falgout. An introduction to algebraic multigrid computing [J]. Computing in science and engineering, 2006, 8 (6): 24—33.

[145] P. Perona, J. Malik. Scale - space and edge detection using anisotropic diffusion [J]. IEEE Transactions on Pattern Analysis and Machine Intelligence, 1990, 12 (7): 629—639.

[146] W. Liu, W. Lin. Additive White Gaussian Noise Level Estimation in SVD Domain for Images [J]. IEEE Transactions on Image Processing, 2013, 22 (3): 872—883.

[147] S. J. Horng, P. J. Liu and J. S. Lin. Improving the contrast enhancement of oceanic images using modified dark channel prior [C]. In Proceedings of International symposium on computer, consumer and control, 2016: 801—804.

[148] C. P. Chu, M. S. Lee. A content - adaptive method for single image dehazing [C]. In Proceedings of advances in multimedia. 2010: 350—356.

[149] J. Shen, Y. Du, W Wang, et al. Lazy random walks for superpixel-segmentation [J]. IEEE Transactions on Image Processing, 2014, 23 (4): 1451—1462.

[150] M. Sulami, I. Glatzer, R. Fattal, et al. Automatic recovery of the atmospheric light in hazy images [C]. In Proceedings of IEEE International Conference on Computational Photography, 2014: 1—11.

[151] Y. N. Li, Q. G. Miao, J. F. Song, et al. Single image haze removal based on haze physical characteristics and adaptive sky region detection [J]. Neurocomputing, 2016 (182): 221—234.

[152] E. Peli J. Tang and S. Acton, Image enhancement using a contrast measure in the compressed domain [J]. IEEE Signal Process. Lett, 2003, 10 (10): 298—292.

[153] S. G. Narasimhan, S. K. Nayar. Chromatic framework for vision in

bad weather [C]. In Proceedings of IEEE International Conference on Computer vision and pattern recognition, 2000: 598—605.

[154] K. Nishino, L. Kratz and S. Lombardi. Bayesian Defogging [J]. International Journal of Computer Vision, 2012, 98 (3): 263—278.

[155] Qu C, Bi D, Sui P, et al. Robust Dehaze Algorithm for Degraded Image of CMOS Image Sensors [J]. Sensors, 2017, 17 (10): 2175.

[156] Qu C, Bi D. Novel Defogging Algorithm Based on Joint Use of Saturation and Color Attenuation Prior [J]. IEICE Transactions on Information and Systems, 2018, Vol. E101 - D, No. 5, 1421—1429.

[157] Narasimhan S G. Models and algorithms for vision through the Atmosphere [D]. Columbia: Columbia University, 2004.

[158] K. He, J. Sun and X. Tang. Single image haze removal using dark channel prior [C]. In Proceedings of IEEE International Conference on Computer vision and pattern recognition, 2009: 1956—1963.

[159] Blackwell H R. Contrast Thresholds of the Human Eye [J]. Journal of the Optical Society of America, 1946, 36 (11): 624—643.

后　　记

本书是在我的博士学位论文基础上经多次修改完成的。在本书即将出版之际，我不禁再次回忆起读博期间的经历，在这条求学之路上，我经历过挫折，亦获得了成长，往昔岁月历历在目，帮助过我的人太多，在此有机会一一感谢。

首先，感谢我的导师——毕笃彦教授。从入学至今，毕笃彦教授带领我走进智能视觉这个领域，我在学术上的每一点进步、每一点成长都离不开毕教授和实验室每一位成员的关心和教诲。

我潜心研究智能视觉物联网雾霾图像复原这个课题，每一步都得到了实验室教授和师兄弟的无私帮助。感谢实验室的许悦雷教授、马时平副教授和查宇飞副教授在我论文理论研究和框架构建中给予我的诸多宝贵思路，他们深厚的学术功底避免了我在论文撰写过程中走弯路。同时还要感谢实验室的王晨讲师、何林远讲师和高山讲师在我论文撰写过程中给予我的诸多启发，使得我在研究中的学术难题能够迎刃而解。感谢实验室李权合博士、黄宏图博士、周理博士、凡遵林博士给予我论文修改上的大量建议，使得本书的构建更加完善。感谢实验室其他的兄弟姐妹们，感谢他们对我的热情帮助和无私支持，让我能够迅速进入这个领域并且取得不错的成绩。

感谢一路支持我的父母、家人与朋友，是你们的默默奉献让我有了今天的成绩。

最后，值此书出版之际，要感谢我的工作单位西安财经大学给了我这么好的平台，资助我把博士论文出版成书。同时，还要感谢中国财政经济出版社，他们细致、高效的工作保证了本书的顺利出版。

限于我的学识和能力，书中的错误、疏漏和不当之处在所难免，恳请各界专家和读者批评指正。

曲晨

2020 年 5 月于西安